"十四五"高等职业教育能源类专业系列教材

光伏电站建设全流程

GUANGFU DIANZHAN JIANSHE QUANLIUCHENG

主　编◎周湘杰　刘　垚　陈嘉贵
副主编◎钱　娜　乔　女　黄　静
主　审◎刘文斌

中国铁道出版社有限公司
CHINA RAILWAY PUBLISHING HOUSE CO., LTD.

内 容 简 介

本书为“十四五”高等职业教育能源类专业系列教材之一，以光伏电站建设涉及的环节内容为对象，由浅入深展开光伏电站从开发到施工直至完成验收全过程的系统介绍，具体包括光伏电站建设管理、光伏电站施工管理、光伏电站土建及结构施工、光伏电站电气设备的安装、光伏电站系统调试与验收、大学生光伏行业创新创业案例等内容。本书突出工程实践的应用，以工程案例为载体，以工程管理为重点。

本书适合作为高等职业院校能源类专业的教材，也可作为从事光伏电站设计、建设、施工、监理、运维等技术人员和其他相关专业工程技术人员的参考书。

图书在版编目(CIP)数据

光伏电站建设全流程/周湘杰,刘垚,陈嘉贵主编.—北京：
中国铁道出版社有限公司，2024.6
“十四五”高等职业教育能源类专业系列教材
ISBN 978-7-113-31132-2

Ⅰ.①光…　Ⅱ.①周…②刘…③陈…　Ⅲ.①光伏电站-高等职业教育-教材　Ⅳ.①TM615

中国国家版本馆 CIP 数据核字(2024)第 067229 号

书　　名：**光伏电站建设全流程**
作　　者：周湘杰　刘　垚　陈嘉贵

策　　划：刘梦珂　　　　编辑部电话：(010) 63560043
责任编辑：何红艳　李学敏
封面设计：付　巍
封面制作：刘　颖
责任校对：安海燕
责任印制：樊启鹏

出版发行：中国铁道出版社有限公司（100054，北京市西城区右安门西街 8 号）
网　　址：https://www.tdpress.com/51eds/
印　　刷：北京联兴盛业印刷股份有限公司
版　　次：2024 年 6 月第 1 版　2024 年 6 月第 1 次印刷
开　　本：787 mm×1 092 mm 1/16　印张：9.5　字数：203 千
书　　号：ISBN 978-7-113-31132-2
定　　价：49.00 元

前言

光伏发电是利用太阳能电池将太阳能直接转化为电能的一种清洁、可再生的发电方式。光伏发电具有无污染、安全可靠、噪声低、维护简单、不受地域限制、节约土地资源等优点，是实现能源转型和应对气候变化的重要途径。随着光伏技术的不断进步和成本的不断降低，光伏发电在全球范围内得到了快速发展，成为当今世界最具活力和潜力的新能源产业之一。

我国是世界上最大的光伏发电市场，也是最大的光伏发电设施设备制造国。近年来，我国光伏产业在规模、技术、质量、效益等方面都取得了显著进步，为保障国家能源安全、促进经济社会可持续发展、改善生态环境、提高人民生活水平做出了重要贡献。党的二十大报告指出："加快发展方式绿色转型。推动经济社会发展绿色化、低碳化是实现高质量发展的关键环节。加快推动产业结构、能源结构、交通运输结构等调整优化。"这为我国光伏产业提供了新的历史机遇和强大动力，也提出了新的发展要求和挑战。

为了适应新时代新征程上我国光伏产业发展的需要，着力培养具有创新精神和实践能力的高素质专业技术技能人才，我们编写了本书。本书是"十四五"高等职业教育能源类专业系列教材之一，也是一本新形态教材。本书以工程实践为主线，以工程案例为载体，以工程管理为重点，系统介绍了光伏电站建设与施工的基本知识、基本方法和基本技能。本书共分为7章，包括光伏发电概述、光伏电站建设管理、光伏电站施工管理、光伏电站土建及结构施工、光伏电站电气设备的安装、光伏电站系统调试与验收、大学生光伏行业创新创业案例等。章后附有习题，旨在帮助读者巩固所学知识，并提高分析问题和解决问题的能力。

本书特色如下：一是紧密结合行业发展现状和趋势，反映最新政策法规和技术标准，突出行业特色和专业特点；二是紧密结合教学实际和学生需求，注重理论联系实际，突出实用性；三是紧密结合教学方法和教学手段，注重启发思维和培养能力，突出创新性和前瞻性。在编写过程中，我们广泛收集了相关资料，参考了相关教材，借鉴了相关经验，力求使本书内容更科学、权威、先进、实用。

本书由周湘杰、刘垚、陈嘉贵任主编，钱娜、乔女、黄静任副主编，参加编写的有张灵芝、王文楷、范飞、龚事引。具体编写分工如下：刘垚、周湘杰编写第1、2章，黄静、王文楷、范飞编写第3章，陈嘉贵、张灵芝、龚事引编写第4、6章，乔女编写第5章，钱娜、周湘杰编写第7章。全书由刘文斌主审。

由于编者水平和时间有限，书中难免有不足之处，恳请广大读者批评指正，以便我们不断改进完善。

编　者

2024年1月

目录

光伏发电概述

学习笔记栏

学习导航

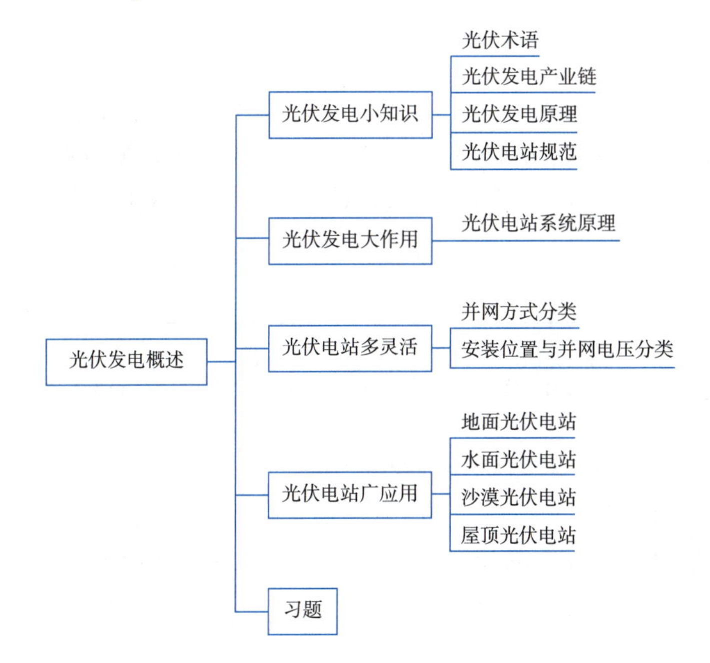

引　言

光伏发电是一种利用太阳能电池将太阳能转换为电能的发电方式，具有清洁、可再生、性能可靠等特点，是未来能源发展的重要方向。近年来，随着光伏技术的进步和成本的降低，光伏发电在全球范围内得到了快速的发展和应用。截至2023年12月底，全国光伏发电装机容量约609.49 GW，同比增长55.2%。2023年全年，光伏新增装机216.88 GW，同比增长148%。光伏发电已经成为我国推动能源转型和实现碳达峰碳中和目标的重要手段。本章将介绍光伏发电的常见术语、基本概念、系统原理、分类方式和应用场景，帮助读者了解和掌握光伏电站的基本知识。

学习目标

1. 了解光伏发电的基本概念和原理，掌握光伏发电的工作过程和组成部分。

学习笔记栏

2. 识别光伏发电的不同类型和分类方式，分析光伏发电的特点和优缺点。

3. 探究光伏发电的应用场景和案例，评价光伏发电的社会、经济和环境效益。

4. 培养对光伏发电的兴趣和热情，增强对可再生能源发展的责任感和使命感。

5. 培养学生遵规守法意识，对光伏行业的政策、法规、标准有一定的了解。

6. 培养学生绿色环保意识，了解双碳政策，推动国家绿色发展。

1.1 光伏发电小知识

光伏发电知识包括基础的光伏术语、光伏发电产业链、光伏发电原理以及光伏行业规范，让读者在正式学习之前对光伏发电有一个基本的了解。

1.1.1 光伏术语

对光伏电站涉及的基本术语、专业名词、技术参数等进行了解和掌握，如逆变器、最大功率点追踪、防护等级等。这些术语反映了光伏电站的工作原理、性能指标、安全保护、收益成本等方面的信息，是光伏电站技术交流和沟通的基础（见表 1-1）。

表 1-1 光伏术语及定义

序号	名 词	定 义
1	光伏组件	指具有封装及内部连接的，能单独提供直流电的输出，最小不可分割的太阳能电池组合装置，见图 1-1（a）
2	光伏方阵	由若干个光伏组件在机械和电气上按一定方式组装在一起并且有固定的支撑结构而构成的直流发电单元，又称光伏阵列，见图 1-1（b）
3	光伏逆变器	光伏发电系统内将直流电变换成交流电的设备，见图 1-1（c）
4	光伏支架	光伏发电系统中为了摆放、安装、固定光伏组件而设计的专用支架见图 1-1（d）
5	最大功率点追踪	简称 MPPT（maximum power point tracking），是逆变器的一个功能；在一定的日照强度和温度下，太阳能电池可以在不同的输出电压下工作，输出特性为非线性输出，只有在某一输出电压值时，其输出功率才能达到最大，这个点就是最大功率点。MPPT 就是对因光伏组件表面温度变化和光照强度变化而产生的输出电压与电流的变化进行跟踪控制，使方阵一直保持在最大输出的工作状态，以获得最大的功率输出的自动调整行为
6	防护等级	简称 IP 等级（ingress protection）是指逆变器对固体异物（如灰尘）和液体（如水）的防护能力，由两个数字表示，第一个数字表示对固体异物的防护等级，第二个数字表示对液体的防护等级。IP 等级越高，表示逆变器越适合恶劣的环境
7	快速关断	简称 RSD（rapid shutdown），是指逆变器具有在紧急情况下快速切断直流侧电源的功能，以保护安装人员和消防人员的安全
8	防孤岛保护	禁止非计划性孤岛效应的发生。孤岛效应是指电网失压时，光伏系统仍保持对失压电网中的某一部分线路继续供电的状态。这种状态会危害电网人员安全、干扰合闸、损害设备。防孤岛保护是指逆变器具有在检测到电网异常时自动脱网并停止向电网送电的功能

续表

序号	名　词	定　　义
9	势感应降解	简称 PID（potential induced degradation），是指由于光伏组件与地面之间存在高电位差而导致组件性能下降的现象。PID 会降低组件的输出功率和寿命。防止 PID 的方法有使用高质量的组件材料、降低组件与地面之间的电位差、使用 PID 消除装置等
10	光伏建筑一体化	简称 BIPV（building integrated photovoltaic），指将太阳能光伏电池组件集成到建筑物上，同时承担建筑结构功能和光伏发电功能；引出端经过控制器、逆变器与公用电网相连接，从而形成并网光伏系统，见图 1-1（e）
11	“安装型”太阳能光伏建筑	指附着在建筑物上的太阳能光伏发电系统。它的主要功能是发电，与建筑物功能不发生冲突，不破坏或削弱原有建筑物的功能，见图 1-1（f）
12	标准测试条件	是一种测试太阳能组件或电池性能的条件，包括环境温度、大气质量、风速和光强等参数
13	额定电池工作温度	指当太阳能组件或电池处于开路状态，并在一定条件下所达到的温度
14	光伏系统效率	是一个光伏系统评价质量的关键指标，是电站实际输出功率与理论输出功率的比值，反映了整个电站扣除所有损耗
15	系统平衡部件成本	指除了光伏组件以外的系统成本，包括逆变器、支架、电缆等主要设备成本，以及土建、安装工程、项目设计、工程验收和前期相关费用等部分
16	平准化度电成本	简称 LCOE（levelized cost of energy），是衡量光伏电站整个生命周期的单位发电量成本，并可用来与其他电源发电成本对比。LCOE 可用于收益率的复核和最优投资方案的选择

学习笔记栏

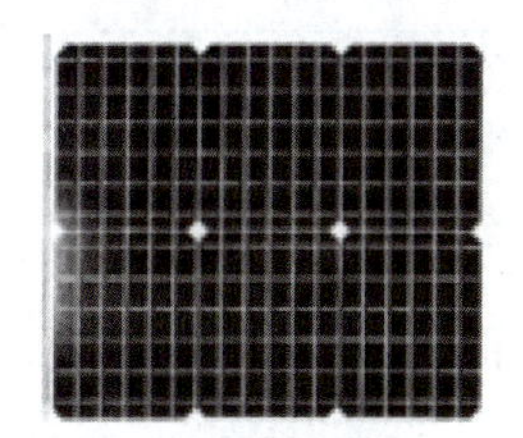

（a）光伏组件

（b）光伏阵列

（c）光伏逆变器

（d）光伏支架

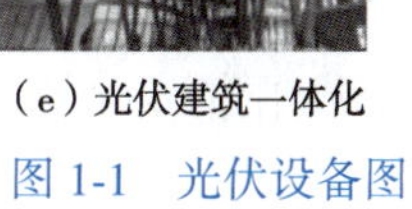

（e）光伏建筑一体化

（f）“安装型”太阳能光伏建筑

图 1-1　光伏设备图

1.1.2　光伏发电产业链

光伏发电产业链主要环节见图 1-2。

光伏电站主要设备及功能见表 1-2。

学习笔记栏

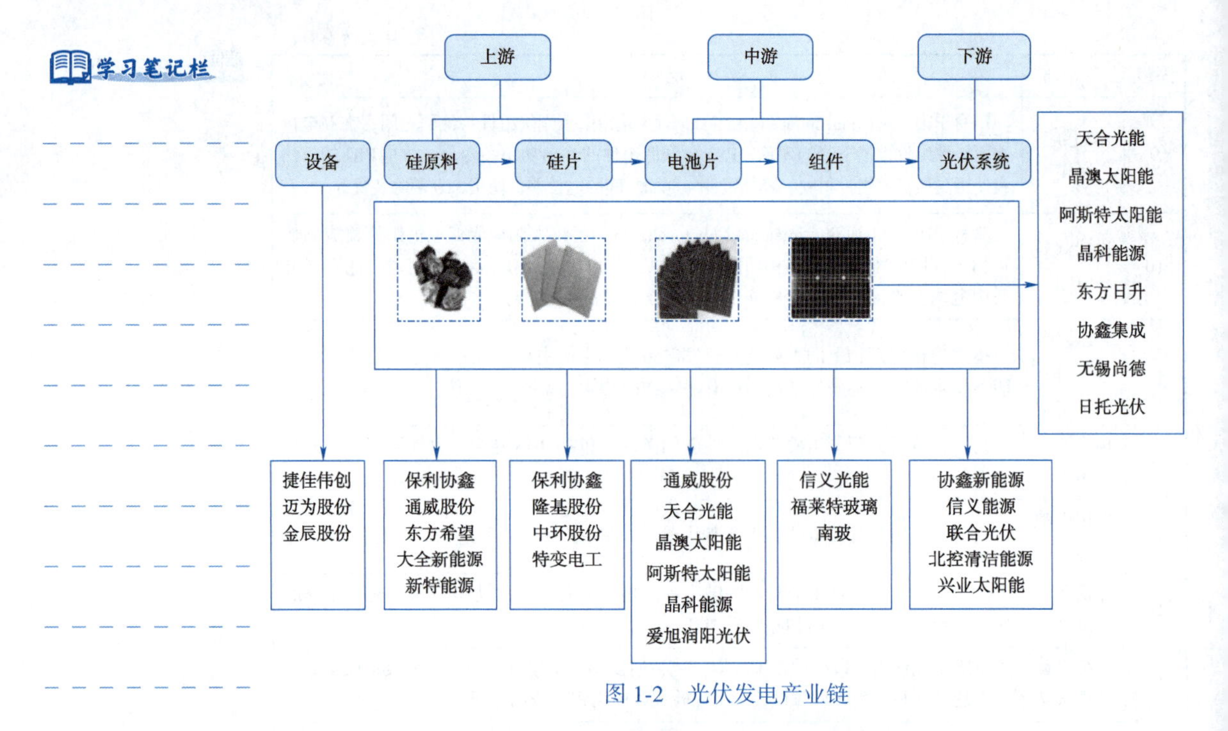

图 1-2 光伏发电产业链

表 1-2 光伏电站主要设备及功能

序号	主要设备	功 能
1	太阳能硅材料	制造光伏组件的原材料，主要有单晶硅、多晶硅和非晶硅三种类型
2	光伏控制器	用于控制光伏系统的工作状态和保护蓄电池的设备，一般只用于离网系统，具有过充过放保护、负载控制、数据采集和监测等功能
3	蓄电池	用于储存多余电能的设备，一般只用于离网系统，主要有铅酸免维护蓄电池、胶体蓄电池和碱性镍镉蓄电池等类型
4	光伏并网箱	主要起到线路电气保护，电能计量以及过欠电压保护三大作用
5	其他配件	包括支架、线缆、接头、开关、计量表等辅助设备，用于支撑、连接、控制和测量光伏系统的各个部分

1.1.3 光伏发电原理

光伏发电的原理是利用半导体材料制成的太阳能电池，在光照下产生光生伏特效应，即在太阳能电池两端形成一个向外的可测试的电压，从而将光能转换为电能（见图 1-3）。太阳能电池一般为硅材料，其转换效率一般在 10%～20%。

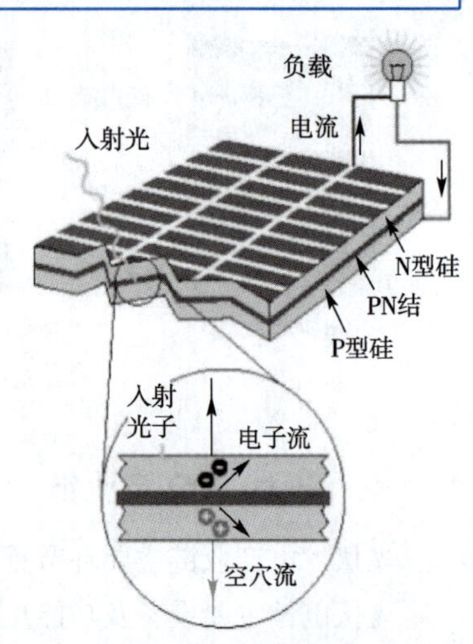

图 1-3 光伏发电原理

1.1.4 光伏电站相关文件

光伏电站相关文件学习主要是对光伏电站遵循的相关标准、政策等进行了解和掌握，如 GB 50794—2012《光伏发电站施工规范》、

GB 50797—2012《光伏发电站设计规范》、GB/T 37408—2019《光伏发电并网逆变器技术要求》等。这些文件反映了光伏电站的设计要求、施工方法、质量检测、运行维护等方面的规定，是光伏电站保证质量和安全的依据，光伏电站相关文件的名称和简介见表1-3。

表1-3 光伏电站相关文件的名称和简介

序号	类型	名称	简介	部分内容
1	文件	《光伏电站开发建设管理办法》	国家能源局于2022年11月30日发布的一项政策文件，旨在规范光伏电站的开发建设管理，保障光伏电站和电力系统的清洁低碳、安全高效运行，促进光伏发电行业的持续健康高质量发展	500千伏及以上的光伏电站配套电力送出工程，由项目所在地省（区、市）能源主管部门上报国家能源局，履行纳入规划程序。 500千伏以下的光伏电站配套电力送出工程经项目所在地省（区、市）能源主管部门会同电网企业审核确认后自动纳入相应电力规划
2	国家标准	《光伏发电效率技术规范》	中国电力企业联合会于2021年发布的一项国家标准，标准号为GB/T 39857—2021，于2021年10月1日实施。该标准规定了光伏发电站系统能效、光伏发电单元能效、光伏组件串联失配率等内容	光伏组件串联失配率应符合光伏发电站设计要求，且光伏组件平均串联失配率不应高于2%
3	文件	《"十四五"可再生能源发展规划》	国家能源局于2021年发布的一项规划，旨在深入贯彻"四个革命、一个合作"能源安全新战略，落实碳达峰碳中和目标，推动可再生能源产业高质量发展	2025年，可再生能源年发电量达到3.3万亿千瓦时左右。"十四五"期间，可再生能源发电量增量在全社会用电量增量中的占比超过50%，风电和太阳能发电量实现翻倍。 2025年，全国可再生能源电力总量消纳责任权重达到33%左右，可再生能源电力非水电消纳责任权重达到18%左右，可再生能源利用率保持在合理水平
4	国家标准	《分布式光伏发电系统集中运维技术规范》	中国电力企业联合会于2020年发布的一项国家标准，标准号为GB/T 38946—2020。该标准规定了分布式光伏发电系统集中运维技术条件、运行管理以及检修维护要求	集中运维系统应根据电网调度指令，执行涉网设备操作
5	国家标准	《光伏发电并网逆变器技术要求》	国家市场监督管理总局、中国国家标准化管理委员会于2019年发布，标准号为GB/T 37408—2019。标准规定了光伏发电并网逆变器的分类、环境条件、安全要求、电气性能、电磁兼容性能、标识等相关技术要求	逆变器按电气结构可分为隔离型逆变器、非隔离型逆变器。 在故障期间，保护连接应保持有效并应能承受故障引起的最大故障电流，保护连接应满足以下要求：过流保护装置小于或等于16 A的逆变器，保护连接的阻抗值不应大于0.1 Ω；过流保护装置大于16 A的逆变器，保护连接部分电压降不应大于2.5 V

《光伏电站开发建设管理办法》

《光伏发电效率技术规范》

《"十四五"可再生能源发展规划》

《分布式光伏发电系统集中运维技术规范》

《光伏发电并网逆变器技术要求》

学习笔记栏

《光伏发电工程施工组织设计规范》

《光伏发电站施工规范》

《光伏发电站设计规范》

《光伏支架》

《分布式光伏工程施工标准》

《分布式光伏工程验收标准》

续表

序号	类型	名　称	简　介	部分内容
6	国家标准	《光伏发电工程施工组织设计规范》	国家标准化管理委员会于2012年发布的一项国家标准，标准号为GB/T 50795—2012，旨在适应国家积极发展光伏发电工程的需要，提高光伏发电工程施工组织设计水平，做到技术先进、经济合理、安全实用、资源节约和环境友好	施工准备应根据地面光伏发电工程、光伏建筑附加（BAPV）光伏发电工程各自的特点与施工难点，明确管理目标，包括质量目标、工期目标、安全目标及文明施工目标等。 施工总平面布置图应包括光伏阵列、逆变器室、升压站、综合楼、围墙、各作业场、堆放场、临时道路和永久道路、施工供水供电管线、施工期间场区及施工区竖向布置、排水设施及用地边界等相对位置及平面布置尺寸、坐标和标高等。图中应注明施工区测量控制网基点的位置、坐标及标高
7	国家标准	《光伏发电站施工规范》	住房和城乡建设部于2012年发布的一项标准，标准号为GB 50794—2012，自2012年11月1日起实施。该标准旨在保证光伏发电站工程的施工质量，促进工程施工技术水平的提高，确保光伏发电站建设的安全可靠	支架基础在安装支架前，混凝土养护应达到70%强度。 汇流箱安装的垂直偏差应小于1.5 mm
8	国家标准	《光伏发电站设计规范》	住房和城乡建设部于2012年发布的一项国家标准，标准号为GB 50797—2012，自2012年11月1日起实施。该标准旨在规范光伏发电站的设计行为，促进光伏发电站建设健康、有序发展	地面光伏发电站站址宜选择在地势平坦或北高南低的场地；与建筑物相结合的光伏电站，主要朝向宜为南向或接近南向，且应避开周边障碍物对光伏组件的遮挡
9	团体标准	《光伏支架》	中国光伏行业协会于2019年发布，标准号为T/CPIA 0013—2019。该标准规定了光伏支架的术语和定义、分类与标记、要求、试验方法、检验规则、标志、包装、运输及贮存	支架用复合材料一般采用纤维增强复合材料拉挤型材，应符合GB/T 31539—2015的规定，且满足M23级或M30级的要求。对于非标准的新型复合材料，应进行技术论证。 对于固定式倾角可调支架，各支撑点对应的上部组件倾角与设定角度的偏差应在±1°以内
10	地方标准	《分布式光伏工程施工标准》	湖南省住房和城乡建设厅于2022年12月发布的一项推荐性地方标准，于2023年6月1日起在全省范围内实施，标准号为DBJ 43/T 105—2022	安装或维护光伏发电系统时，不应穿戴金属戒指、手表、耳环或其它的金属配饰，禁止利器与光伏组件玻璃表面接触。 逆变器宜安装在垂直或向后倾斜的墙上或支架上，但墙体或支架向后倾斜的角度不能超过15°，不应向前倾斜或水平安装
11	地方标准	《分布式光伏工程验收标准》	湖南省住房和城乡建设厅于2022年12月发布的一项推荐性地方标准，于2023年6月1日起在全省范围内实施，标准号为DBJ 43/T 207—2022	工程验收由建设单位或委托第三方组织，验收委员会成员不少于3人且为单数。 逆变器安装的验收应符合：在显要位置设置铭牌，逆变器型号和接线与设计一致，清晰标明负载的连接点和直流侧极性；应有安全警示标志

续表

序号	类型	名　　称	简　　介	部分内容
12	企业标准	《光伏电站施工质量检查及验收规程》	国家电力投资集团公司于2016年9月发布的一项企业标准，标准号为Q/SPI 9708—2016，旨在规范国家电力投资集团公司全资和控股的新建、扩建和改建光伏发电站项目的施工质量验收管理工作，明确光伏电站施工质量验收的程序与要求，加强质量管理，确保光伏电站施工质量	组件边缘高差质量验收合格标准改为“同组光伏组件≤5 mm” 汇流箱接线端绝缘电阻测试质量验收合格标准修改为“绝缘电阻不小于20 MΩ”

《光伏电站施工质量检查及验收规程》

1.2　光伏电站大作用

光伏电站系统原理（见图1-4）是利用光伏组件将太阳能转化为直流电，再通过逆变器将直流电转化为交流电，供给负载或并入电网的一种发电方式。根据是否依赖公共电网，光伏电站系统可以分为离网系统和并网系统。离网系统是独立运行的，不需要依赖电网，一般配备有蓄电池储存多余的电能，以保证在夜间或阴雨天等情况下供给负载用电。并网系统是与公共电网相连的，不需要蓄电池，可以将多余的电能卖给电网，也可以从电网购买电能补足不足。

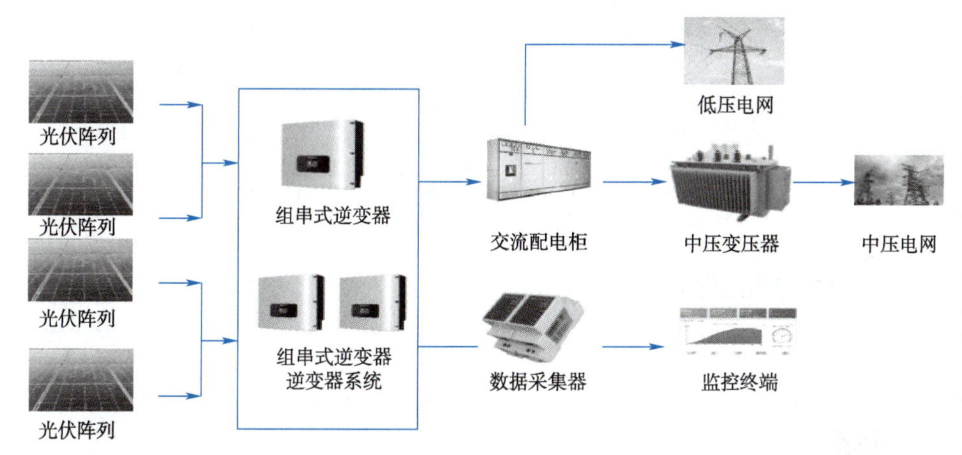

图1-4　集中式光伏电站发电原理

1.3　光伏电站多灵活

光伏电站是指利用太阳能电池将太阳能转换为电能的发电设施，通常由光伏阵列、逆变器、配电装置、监控系统等组成。光伏电站的分类有多种方式，以下是一些常见的分类方法。

1.3.1　并网方式分类

并网方式可分为全额上网、自发自用余电上网和离网三种类型。

学习笔记栏

1. 全额上网（见图 1-5）

光伏电缆　交流电流（1）　交流电流（2）

光伏阵列　逆变器　并网计量箱　电网

图 1-5　全额上网原理图

定义

- 全额上网是指光伏电站所发的全部电能都输送到电网中，按照国家规定的价格或市场化交易价格收益。

特点

- 这种类型的光伏电站不需要考虑用户的用电需求，只需将所有发电量输送到电网中，从而获得稳定的收益。
- 这种类型的光伏电站适合在电网供需平衡、电价较高、用电负荷较低的地区建设。

优缺点

- 优点：简化了光伏电站的设计和运行，降低了成本和风险。
- 缺点：不能提高用户的自主性和能源安全性，也不能有效利用光伏发电的峰谷特性。

2. 自发自用余电上网（见图 1-6）

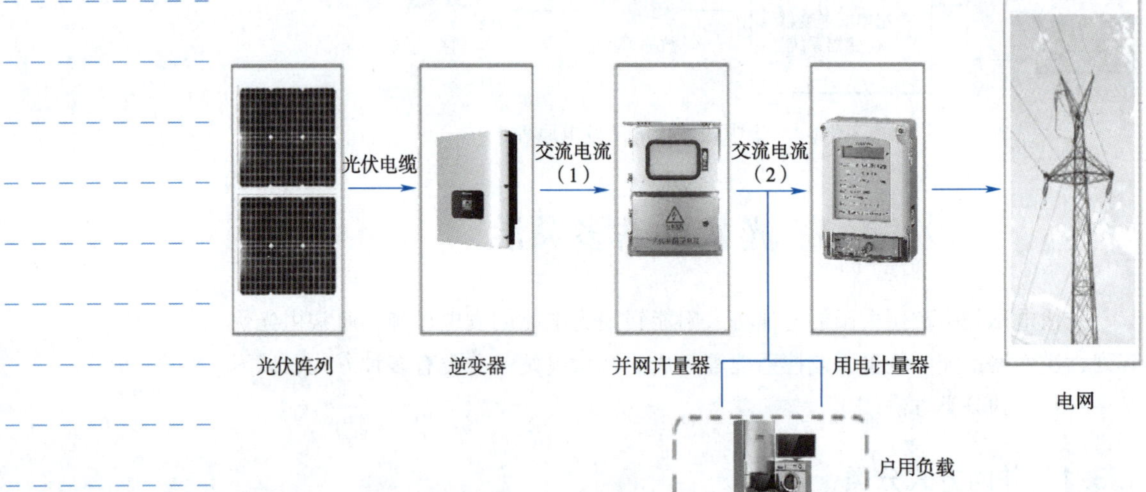

图 1-6　自发自用余电上网原理图

学习笔记栏

定义

- 自发自用余电上网指光伏电站所发的部分电能供用户自用，剩余部分输送到电网中，按照国家规定的价格或市场化交易价格收益。

特点

- 这种类型的光伏电站需要考虑用户的用电需求，优先满足用户自身用电，多余部分输送到电网中，从而实现节能减排和增收双赢。
- 这种类型的光伏电站适合在电网供需紧张、电价较低、用电负荷较高的地区建设。

优缺点

- 优点：提高了用户的自主性和能源安全性，也能有效利用光伏发电的峰谷特性。
- 缺点：增加了光伏电站的设计和运行复杂度，需要考虑与电网的协调和保护。

3. 离网（见图 1-7）

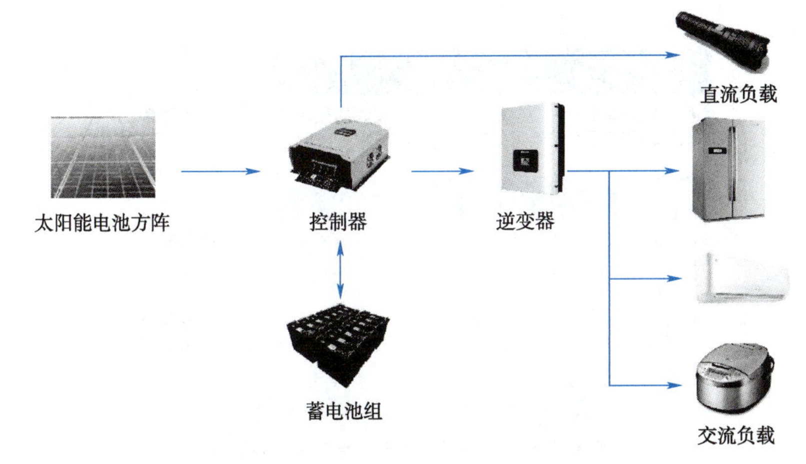

图 1-7　离网发电原理图

定义

- 离网指光伏电站所发的全部电能供用户自用或储存，不与外部电网连接。

特点

- 这种类型的光伏电站完全独立于外部电网，只为用户自身用电或储存，从而实现自给自足和环保清洁。
- 这种类型的光伏电站适合在没有外部电网或外部电网不稳定、不可靠、不经济的地区建设。

优缺点

- 优点：最大限度地提高了用户的自主性和能源安全性，也能最大限度地利用光伏发电的峰谷特性。
- 缺点：需要配置储能设备或其他备用能源，增加了成本和维护难度。

学习笔记栏

1.3.2 安装位置与并网电压分类

按照光伏组件的安装位置和并网电压的不同来划分，可分为集中式光伏电站和分布式光伏电站两种类型。

1. 集中式光伏电站（见图 1-8）

图 1-8 集中式光伏电站

定义

- 集中式指在较大的空地上建设规模较大的光伏电站，通常通过高压或超高压输送到远处的负荷中心或输配电网。

特点

- 这种类型的光伏电站通常建设在光照资源丰富、土地利用率低、人口密度小的地区，如沙漠、戈壁、山地等，其规模一般在几十兆瓦到几百兆瓦之间。
- 这种类型的光伏电站需要通过高压或超高压输电线路将电能输送到远处的负荷中心或输配电网，从而实现大规模的清洁能源供应。

优缺点

- 优点：能够充分利用光照资源，提高发电效率和经济性。
- 缺点：需要占用大量土地，增加环境影响，也需要建设长距离的输电线路，增加线损和投资。

2. 分布式光伏电站（见图 1-9）

图 1-9 分布式光伏电站

学习笔记栏

定义

- 分布式是指在用户所在地或附近建设规模较小的光伏电站，通常通过低压或中压接入到就近的配电网或负荷，多数为380 V电压并网。

特点

- 这种类型的光伏电站通常建设在用户所在地或附近，如工业、商业或民用建筑物的屋顶、墙面等，其规模一般在几千瓦到几兆瓦之间。
- 这种类型的光伏电站可以通过低压或中压配电线路将电能接入到就近的配电网或负荷，从而实现就地消纳和节能减排。

优缺点

- 优点：能够节省土地资源，减少环境影响，也能降低输配电网的负荷和损耗，提高电网安全性和稳定性。
- 缺点：受到安装场所和方向的限制，影响发电效率和均匀性，也需要考虑与电网的协调和保护。

1.4 光伏电站广应用

光伏电站按照应用场景分类可分为地面光伏、水面光伏、沙漠光伏、屋顶光伏等四类，光伏电站建设应当因地制宜，才能使效益最大化。

1.4.1 地面光伏电站

地面光伏电站（见图 1-10）是指在地面上安装大量光伏阵列，将太阳能转化为电能的发电设施。

图 1-10 地面光伏电站

学习笔记栏

应用场景

• 地面光伏电站一般建设在光照资源丰富、土地利用率低、电网接入条件好的地区，如荒漠、丘陵、平原等。地面光伏电站的发电直接并入公共电网，供给远距离负荷或满足当地用电需求。

优点

• 利用了闲置的土地资源，提高了土地利用效率，同时也保护了生态环境。
• 发挥了太阳能的清洁、可再生、无污染的特性，减少了化石能源的消耗和碳排放，有利于实现碳中和目标。
• 降低了输配电损耗和成本，提高了电网的稳定性和可靠性，有利于解决远离电网或缺乏电力供应的地区的用电问题。
• 增加了发电量和收益，提高了投资回报率和经济效益。

缺点

• 占地面积大，需要占用大量的土地资源，可能与农业、林业等其他土地利用方式产生冲突。
• 受气候环境因素影响大，如阴雨天、雾霾天、云层变化等都会影响光照强度和发电量。
• 转换效率低，目前晶体硅光伏电池的转换效率一般在13%~17%之间，非晶硅光伏电池只有5%~8%。
• 间歇性工作，只能在白天发电，晚上不能发电，需要配备储能设备或与其他能源形式结合以保证连续供电。

1.4.2 水面光伏电站

水面光伏电站（见图1-11）是指在水塘、湖泊、水库等水上安装光伏组件和其他设备，利用太阳能发电的电站。

图1-11 水面光伏电站

应用场景

• 水面光伏电站一般建设在水资源丰富、土地资源紧张、用电需求大的地区，如东部沿海、江南水乡、西部高原等。水面光伏电站的发电可以直接并入公共电网，也可以用于水产养殖、灌溉排水等。

特点

• 水面光伏电站的主要特点在于不占用稀缺土地资源，提高了水域附加值。
• 利用了水面的冷却和反射效应，提高了发电量和效率。
• 有利于保护水资源和生态环境，降低了输配电损耗和成本。
• 水面光伏电站的建设形式主要有打桩架高式和漂浮式两种，根据水深、水位变化等因素选择合适的形式。

学习笔记栏

优点

- 合理利用土地资源，可利用湖泊、采矿塌陷区水域、废弃深矿坑等，提高了土地的综合利用率。
- 提高发电量，水面对光伏组件起到降温、镜面反射等作用，发电量明显高于地面电站。据实验结果，与在屋顶以相同角度设置的光伏组件相比，发电量增加了5.8%~13.5%。
- 环境保护，将太阳能电池板覆盖在水面上，可减少水面蒸发量，抑制水中藻类繁殖，有利于水资源的保护。同时，发挥了太阳能的清洁、可再生、无污染的特性，减少了化石能源的消耗和碳排放，有利于实现碳中和目标。
- 降低输配电损耗和成本，由于水面光伏电站一般就近并网消纳，可以减少远距离输送所造成的损耗和成本。同时，提高了电网的稳定性和可靠性，有利于解决远离电网或缺乏电力供应地区的用电问题。
- 增加收益，除了发电收益外，还可以实现“渔光互补”的模式，即在水上发电、水下养殖的模式，来实现多产业的互补发展。水上光伏电站更适宜于不喜光的特色鱼类养殖，此外光伏发电可以直接用于养殖用电，降低了养殖成本。

缺点

- 建设、运维难度相对较大，需要考虑水深、水位变化、风浪、锚固等因素，设计和施工更为复杂，设备和材料的防腐防水要求高，抗PID要求高，运维成本也较高。
- 初期投资成本较高，相对于地面电站，打桩架高式光伏电站投资成本每瓦高出约4%左右，水上漂浮式光伏电站投资成本高出约12%左右。
- 项目综合开发成本高，除了建设成本外，还需要考虑水域的使用权、安全保障、环境影响等因素，可能涉及多方的协调和沟通 。
- 申报规模的方式、用地政策存在不确定性，目前国家对水面光伏电站的规划、指导、补贴等政策还不够明确和完善，可能影响项目的可行性和收益性。

1.4.3 沙漠光伏电站

沙漠光伏电站（见图 1-12）是指在沙漠、戈壁等干旱地区安装光伏组件和其他设备，利用太阳能发电的电站。

图 1-12 沙漠光伏电站

学习笔记栏

应用场景

- 沙漠光伏电站一般建设在西部地区，如内蒙古、新疆、甘肃等，这些地区有着广阔的沙漠面积，日照时间长，太阳能资源丰富，用电需求大，但能源供应不足。沙漠光伏电站的发电可以直接并入公共电网，也可以用于当地的农业、工业、生活等。

特点

- 沙漠光伏电站的主要特点在于不占用耕地资源，提高了沙漠的利用价值。
- 利用了沙漠的高温、高辐射、低湿度等条件，提高了发电量和效率。
- 有利于防治沙漠化和改善生态环境。
- 降低了输配电损耗和成本。沙漠光伏电站的建设形式主要有固定式和跟踪式两种，根据地形、风力等因素选择合适的形式。

优点

- 合理利用沙漠资源，可利用荒芜无人问津的沙漠、戈壁等，提高了土地的综合利用率。
- 提高发电量，沙漠对光伏组件起到降温、反射等的作用，发电量明显高于其他地区。据实验结果，与在平原地区设置的光伏组件相比，发电量增加了10%~20%。
- 环境保护，将太阳能电池板覆盖在沙漠上，可减少风速和风蚀作用，抑制沙尘暴的发生，有利于防治沙漠化。同时，发挥了太阳能的清洁、可再生、无污染的特性，减少了化石能源的消耗和碳排放，有利于实现碳中和目标。
- 降低输配电损耗和成本，由于沙漠光伏电站一般就近并网消纳，可以减少远距离输送所造成的损耗和成本。同时，提高了电网的稳定性和可靠性，有利于解决远离电网或缺乏电力供应的地区的用电问题。
- 增加收益，除了发电收益外，还可以实现“农光互补”的模式，即在光伏板下种植抗旱耐盐植物或牧草等，来实现多产业的互补发展。

缺点

- 建设、运维难度相对较大，需要考虑沙尘、风力、温差等因素，设计和施工更为复杂，设备和材料的防尘防腐要求高，清洗维护成本也较高。
- 初期投资成本较高，相对于其他地区，沙漠光伏电站投资成本每瓦高出约10%左右。
- 项目综合开发成本高，除了建设成本外，还需要考虑沙漠的使用权、安全保障、环境影响等因素，可能涉及多方的协调和沟通。
- 电网消纳能力不足，由于光伏发电的波动性和间歇性，可能导致电网的不稳定和过载，造成“弃光”现象。目前国家对沙漠光伏电站的规划、指导、补贴等政策还不够明确和完善，可能影响项目的可行性和收益性。

1.4.4 屋顶光伏电站

屋顶光伏电站（见图 1-13）是一种利用太阳能电池板在建筑物屋顶上发电的系统。

图 1-13 屋顶光伏电站

学习笔记栏

应用场景

- 屋顶光伏电站一般建设在城市或乡村的住宅、商业、工业等建筑物的屋顶，这些地区有着较大的用电需求，但能源供应不足或成本较高。屋顶光伏电站的发电可以直接供给建筑物内部用电，也可以并入公共电网，实现自发自用、余电上网或全额上网的模式。
- 国家能源局规定，在整县（市、区）分布式屋顶光伏开发中，党政机关建筑屋顶总面积可安装光伏发电比例不低于50%。学校、医院、村委会等公共建筑屋顶总面积可安装光伏发电比例不低于40%。工商业厂房屋顶总面积可安装光伏发电比例不低于30%。农村居民屋顶总面积可安装光伏发电比例不低于20%。

特点

- 屋顶光伏电站的主要特点在于不占用土地资源，提高了屋顶的利用价值；利用了建筑物的遮挡、反射等效应，提高了发电量和效率；有利于节约能源和减少碳排放；降低了输配电损耗和成本。屋顶光伏电站的建设形式主要有BAPV和BIPV两种，前者是将普通光伏组件通过支架等固定在屋顶上，后者是将光伏组件与建筑材料融为一体，成为建筑的一部分。

优点

- 合理利用屋顶资源，可利用闲置的屋顶空间，提高了土地的综合利用率。
- 提高发电量，屋顶光伏电站由于受到建筑物的遮挡、反射等效应，发电量明显高于同等规模的地面光伏电站。据实验结果，与在平地设置的光伏组件相比，发电量增加了10%~30%。
- 环境保护，利用太阳能发电，不会产生噪声和污染。同时，发挥了太阳能的清洁、可再生、无污染的特性，减少了化石能源的消耗和碳排放，有利于实现碳中和目标。
- 降低输配电损耗和成本，由于屋顶光伏电站一般就近并网消纳，可以减少远距离输送所造成的损耗和成本。同时，提高了电网的稳定性和可靠性，有利于解决远离电网或缺乏电力供应的地区的用电问题。
- 增加收益，除了发电收益外，还可以享受国家或地方政府提供的补贴、税收优惠等政策支持。根据不同地区和项目类型，屋顶光伏项目的投资回收期一般在5~10年左右。

缺点

- 建设、运维难度相对较大，需要考虑屋顶的承重、结构、方向、倾角、阴影等因素，设计和施工更为复杂，设备和材料的防水防腐要求高，清洗维护成本也较高。
- 初期投资成本较高，相对于地面光伏电站，屋顶光伏电站的投资成本每瓦高出约20%左右。
- 项目综合开发成本高，除了建设成本外，还需要考虑屋顶的使用权、安全保障、环境影响等因素，可能涉及多方的协调和沟通。
- 电网消纳能力不足，由于光伏发电的波动性和间歇性，可能导致电网的不稳定和过载，造成“弃光”现象。目前国家对屋顶光伏电站的规划、指导、补贴等政策还不够明确和完善，可能影响项目的可行性和收益性。

习　题

一、填空题

1. 光伏逆变器是指光伏发电系统内将________变换成________的设备。
2. 最大功率点追踪就是对因光伏组件表面温度变化和太阳辐照度变化而产生

学习笔记栏

习题答案

的输出电压与电流的变化进行跟踪控制，使方阵一直保持在________的工作状态，以获得________的功率输出的自动调整行为。

3. 光伏发电的原理是利用半导体材料制成的太阳能电池，在光照下产生________，即在太阳能电池两端形成一个向外的可测试的电压，从而将________转换为________。

4. ________是与公共电网相连的，不需要蓄电池，可以将多余的电能卖给电网，也可以从电网购买电能补足不足。

5. 按照光伏组件的安装位置和并网电压的不同来划分可分为________和________两种类型。

二、判断题

1. 光伏组件平均串联失配率介于2.5%~3%。 (　　)

2. 光伏组件是将太阳能转化为交流电的核心部件。 (　　)

3. 沙漠光伏电站的发电不能直接并入公共电网，会破坏电网稳定性。(　　)

4. 分布式是指在用户所在地或附近建设规模较大的光伏电站，通常通过高压接入到就近的配电网或负荷。 (　　)

5. 地面光伏电站占地面积大，需要占用大量的土地资源，可能与农业、林业等其他土地利用方式产生冲突。 (　　)

光伏电站建设管理

学习笔记栏

学习导航

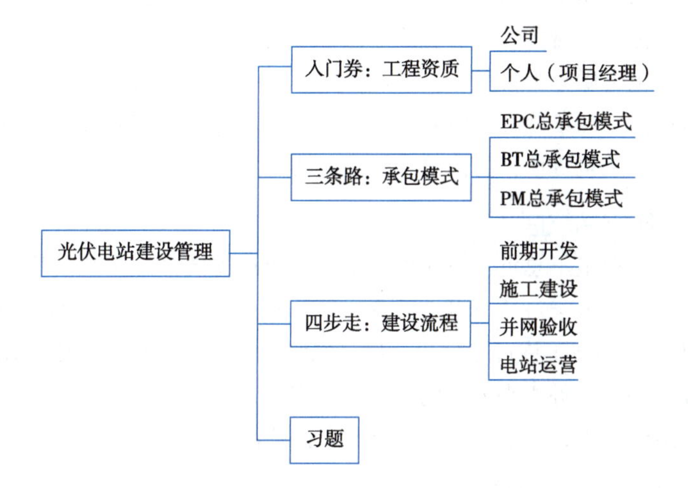

引　言

光伏电站建设是指从项目开发到项目运营的全过程，涉及多个环节和专业，需要团队之间的分工和相互学习，需要综合考虑技术、经济、法律、环境等因素，保证项目的质量、安全、效益和可持续性。本章将介绍光伏电站建设的基本流程、资质要求和承包模式，帮助读者了解光伏电站建设的基本知识和方法。

学习目标

1. 了解光伏电站建设的基本流程，掌握光伏电站前期开发、施工建设、并网验收和运营管理等各个阶段的主要内容和步骤。

2. 熟悉光伏电站建设的资质要求，认识光伏电站项目承包单位和项目经理应具备的相关资质证书和条件。

3. 掌握光伏电站建设的常见承包模式，比较 EPC、BT、PM 等不同承包模式的特点和优缺点。

4. 能够运用所学知识分析光伏电站建设中遇到的实际问题，提出合理的解决方案和建议。

学习笔记栏

5. 培养学生工程意识，初步了解工作流程规范。

6. 培养学生岗位意识，明确实施项目所需资质。

2.1　入门券：工程资质

光伏电站建设是一个十分复杂的工程，无论是公司还是个人都需要相应的资质才能开展工程建设。

2.1.1　公司资质

1. 电力工程施工总承包资质

光伏电站项目属于电力工程施工项目，施工企业作为总承包商，需根据《建筑业企业资质标准》规定，具有相应资质等级的电力工程施工总承包资质。电力工程施工总承包资质分为特级、一级、二级、三级四个等级，不同等级的资质对应不同的承包范围和条件。一般来说，承包光伏电站项目需要具备三级或以上的电力工程施工总承包资质，具体要求根据电站的规模和电压等级而定。

2. 电力施工许可证

除了电力工程施工总承包资质外，施工企业还需要办理承装（修、试）电力施工许可证，这是国家对从事电力行业的单位和个人的管理制度和法规要求。承装（修、试）电力施工许可证分为一级、二级、三级、四级和五级，该等级的划分是按照施工的电压等级来划分的。取得一定等级的许可证后，可以从事相应或以下电压等级的电力设施的安装、维修或者试验活动。

3. 建筑施工安全生产许可证

《建筑施工安全生产许可证》也称安全A证，是国家对从事建筑施工活动的企业实行的一种安全生产许可制度。根据《建筑施工安全生产许可证管理办法》，光伏电站建设项目属于建筑施工活动范围，因此，光伏电站建设单位应当具备安全A证，否则不得承揽光伏电站建设项目。

4. 承装（修、试）电力设施许可证

在中华人民共和国境内从事承装、承修、承试电力设施活动的单位应当按照国家有关规定取得的许可证。许可证分为一级、二级、三级、四级、五级，不同等级的许可证有不同的资质条件和承接范围。

5. 资质条件与说明

光伏电站项目建设公司所需资质名称、条件及资质说明见表2-1。

思考：
光伏电站建设资质要求是什么？

表2-1　光伏电站项目建设公司所需资质及说明

资质名称	资质颁发机构	资质条件	资质说明
电力工程施工总承包资质	建设部	企业注册资本金、净资产、工程结算收入等要求根据不同等级有所区别	从事光伏发电项目施工的单位应具备此资质

续表

资质名称	资质颁发机构	资质条件	资质说明
承装（修、试）电力设施许可证	国家能源局	净资产300万元以上； 技术负责人、安全负责人具有3年以上从事电力设施维修管理工作的经历，具有电力相关专业初级以上技术任职资格； 专业技术及经济管理人员10人以上，其中电力相关专业工程技术人员3人以上； 持进网作业许可证电工20人以上，其中高压电工12人以上，特种电工4人以上； 安全管理人员1人以上	从事光伏发电项目施工的单位应具备此资质，并网项目还需具备承装、承修、承试电力设施业务范围
电力施工许可证	国家能源局	企业具有独立法人资格，社会信誉良好，注册资本不少于100万元，有必要的技术装备和固定的工作场所，有较完善的管理制度	投资光伏电站的单位必须具备此资质，但装机容量6 MW以下的新能源发电项目可以豁免
建筑施工安全生产许可证	主建部或省级主建主管部门	企业具有独立法人资格，社会信誉良好，注册资本不少于100万元，有必要的技术装备和固定的工作场所，有较完善的管理制度	从事建筑施工活动的单位应具备此资质

学习笔记栏

2.1.2 个人（项目经理）资质

光伏电站项目经理是指负责组织实施光伏电站项目建设的技术管理人员，需根据《建筑市场监管条例》规定，具有相应资格等级的建造师资格证书，分为一级和二级两个等级。

1. 一级建造师

一级建造师简称“一建”，可以承担特级、一级、二级、三级资质的企业所能承担的所有类型和规模的光伏电站工程；一建可以担任特级、一级、二级、三级资质企业的项目经理，可以在全国范围内执业，见图2-1。

2. 二级建造师

二级建造师简称“二建”，可以承担二级、三级资质的企业所能承担的所有类型和规模的光伏电站工程，但不包括特级、一级资质的企业所能承担的光伏电站工程。二建只能担任二级、三级资质的企业的项目经理，只能在本省范围内执业。

3. 安全生产管理人员资格证书

除了建造师资格证书外，光伏电站项目经理还需要具备安全生产管理人员资格证书（安全B证），这是国家对从事电力行业的单位和个人的管理制度和法规要求。

学习笔记栏

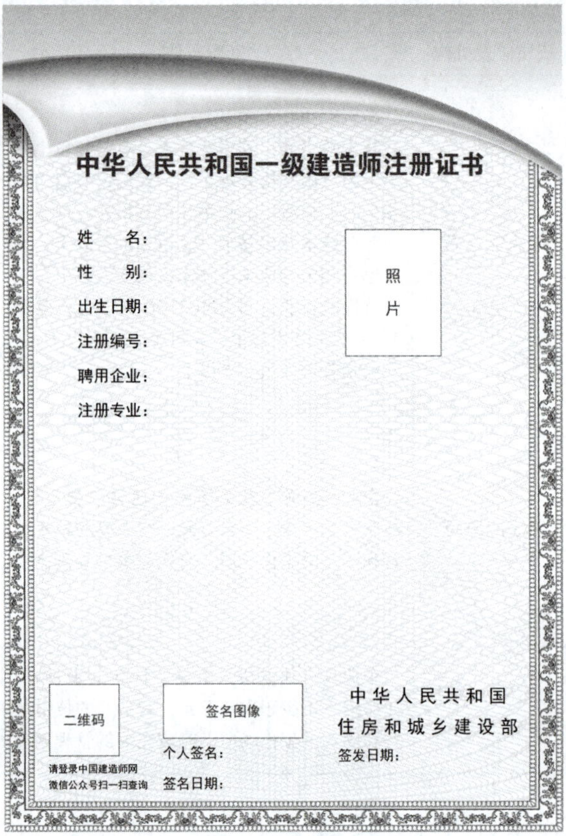

中华人民共和国一级建造师注册证书

姓　　名：
性　　别：
出生日期：
注册编号：
聘用企业：
注册专业：

照片

二维码
请登录中国建造师网
微信公众号扫一扫查询

签名图像
个人签名：
签名日期：

中华人民共和国
住房和城乡建设部
签发日期：

图 2-1　一级建造师电子注册证书式样

4. 建筑施工企业三类人员 C 证

建筑施工企业三类人员 C 证也称安全员 C 证，是指建筑施工企业专职安全生产管理人员的资格证书，是国家职业技术技能鉴定证书之一，主要有以下用途：

①作为光伏电站专职安全生产管理人员的资格证明。

②作为光伏电站安全生产管理机构的负责人或工作人员，负责光伏电站的安全生产管理工作，包括制定和执行安全生产管理制度、组织和参与安全生产教育培训、监督和检查安全生产情况、处理和报告安全生产事故等。

③作为光伏电站施工现场专职安全生产管理人员，负责光伏电站施工现场的安全生产管理工作，包括参与施工方案的编制和审核、组织和参与施工现场的安全检查、监督和指导施工人员的安全操作、处理和报告施工现场的安全事故等。

2.2　三条路：承包模式

光伏电站建设施工工程承包模式是指光伏电站项目的设计、采购、施工等工作环节由不同的承包单位或同一承包单位承担的不同方式。常见的承包模式有 EPC、BT、PM 总承包模式。

学习笔记栏

EPC总承包模式

- 定义：是指承包单位全面负责项目的设计、采购与施工工作，对整个工程的质量、进度及造价进行全过程监管的总承包模式，是一种注重全过程管理和动态管理的现代化承包模式。
- 优势：EPC总承包模式可以发挥多个专业的集成优势，提高设计方案的质量和合理性，控制采购成本和施工质量，缩短工程周期，降低业主方的风险和协调量。
- 风险：EPC总承包模式的风险主要来源于合同、管理、技术和环境四个方面，可能导致项目的质量、进度、造价等出现问题或争议。
- 风险防范与控制：需要承包商与业主之间建立良好的合作关系，明确各自的责任和义务，制定合理的合同条款，加强项目管理和技术创新，及时应对外部环境的变化。

BT总承包模式

- 定义：是指承包单位以自有资金或融资方式先行建设光伏电站项目，然后将项目移交给业主方，并由业主方按约定方式向承包单位支付建设费用的总承包模式，是一种注重资金筹措和项目回收的总承包模式。
- 优势：BT总承包模式可以解决业主方资金不足的问题，提高项目建设效率。
- 风险：存在着合同风险、融资风险、政策风险等问题。
- 风险防范与控制：通过合同条款的设计、融资方案的选择、政策法规的遵守等方式，保障项目的顺利实施和回款。

PM总承包模式

- 定义：是指承包单位以项目管理为核心，对光伏电站项目的设计、采购、施工等各个环节进行统筹协调和监督管理，但不直接参与具体施工活动的总承包模式，是一种注重项目管理和服务质量的总承包模式。
- 优势：PM总承包模式可以充分发挥项目管理专业优势，提高项目管理水平和效率。
- 风险：存在责任界定不清、权力过大等问题。
- 风险防范与控制：通过选择合格的PM公司、明确各方的职责和权利、加强项目的监督和评估等方式，保证项目的质量、进度和成本。

2.3　四步走：建设流程

光伏电站建设流程分为四个阶段：光伏电站前期开发阶段、光伏电站施工建设阶段、并网验收阶段、电站运营阶段（见图2-2）。光伏电站前期开发阶段主要是寻找合适的项目地点、签订合作协议、办理相关的审批手续、编制项目建议书等，目的是确保项目的可行性和合规性。光伏电站施工建设阶段主要是进行电站的设计、采购、施工、调试等工作，目的是保证电站的质量和安全。并网验收阶段主要是进行电站的并网测试、验收、备案等工作，目的是保证电站的正常运行和接入电网。电站运营阶段主要是进行电站的运维、监测、管理等工作，目的是保证电站的稳定发电和收益。

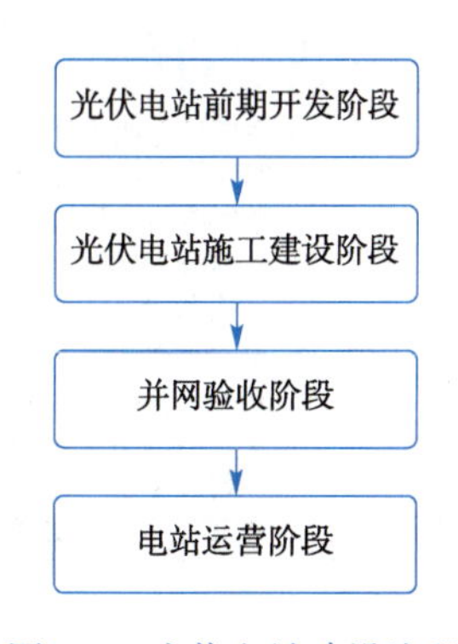

图2-2　光伏电站建设流程

学习笔记栏

2.3.1 前期开发

光伏电站的前期开发流程大致可以分为项目筹备、立项审批、项目融资（见图 2-3）。

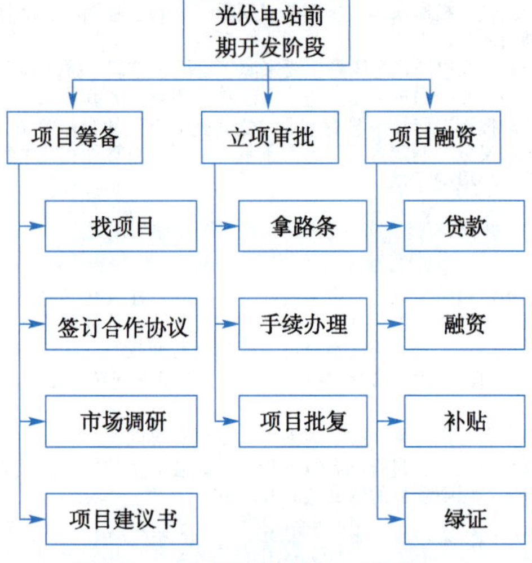

图 2-3 光伏电站前期开发流程

1. 项目筹备

光伏电站项目筹备是一个复杂而重要的过程，它涉及多个环节和步骤，包括找项目、签订合作协议、市场调研、项目建议书等。

找项目

- 根据光伏电站的建设条件，如光照资源、用地用海、电网接入等，筛选合适的项目区域和地址。可以利用一些专业的软件或平台，如北极星太阳能光伏网，查询各地区的光伏资源分布、用地情况、电网结构等数据，进行初步的选址分析。
- 与当地政府或土地所有者沟通接洽，了解当地的政策支持和市场需求；可以通过参加一些光伏行业的会议、展会、招标等活动，与当地政府部门、电力公司、土地管理机构等建立联系，了解当地的光伏发展规划、上网电价、补贴政策、用电需求等信息，评估项目的可行性和盈利性。

签订合作协议

- 与项目方达成初步意向，签订合作协议或意向书，明确双方的权利和义务，如项目规模、建设方式、投资分担、收益分配等。
- 光伏电站合作协议一般包括以下内容：
  - 合作双方的基本信息，如名称、地址、法定代表人等；
  - 合作模式，如EPC总承包模式、合作开发模式、贷款模式等；
  - 合作规模，如项目容量、投资额、建设期限等；
  - 合作期限，如协议有效期、续签条件等；
  - 合作双方的权利和义务，如项目申报审批、场地资源提供、资金筹措、设计施工、质量安全、收益分配、风险承担等；
  - 其他事项，如不可抗力、保密义务、争议解决、协议修改、附则等。

学习笔记栏

市场调研

- 对项目所在地的光伏现状、发展潜力、竞争对手、消费特点等进行深入的市场调研，评估项目的可行性和盈利性。
- 以下是步骤和内容：

a) 了解项目所在地的光伏资源情况，包括日照时间、辐射强度、气候条件等，以及光伏发电的政策支持、补贴标准、电价水平等，判断项目所在地的光伏发展潜力和优势。

b) 分析项目所在地的光伏市场现状，包括已有的光伏装机容量、规模分布、技术水平、产品结构等，以及未来的光伏发展规划、目标、趋势等，判断项目所在地的光伏市场需求和竞争程度。

c) 评估项目所在地的光伏消费特点，包括用电需求、用电习惯、用电成本、用电意愿等，以及潜在的光伏用户群体、需求类型、偏好特征等，判断项目所在地的光伏市场机会和挑战。

d) 对比项目所在地的光伏竞争对手，包括主要的光伏企业、产品、服务等，以及其优势、劣势、战略等，判断项目所在地的光伏市场格局和竞争优势。

e) 设计项目的光伏方案，包括选用的光伏组件类型、规格、功率等，以及安装方式、位置、角度等，根据项目所在地的光伏资源情况和消费特点，优化项目的发电效率和成本效益。

f) 计算项目的光伏投资回报，包括项目的建设成本、运维成本、收益预测等，根据项目所在地的光伏政策支持、补贴标准、电价水平等，评估项目的财务可行性和盈利性。

项目建议书

- 根据市场调研的结果，编制项目建议书（见图2-4），概述项目的背景、目标、内容、技术方案、投资预算、效益分析等，为项目立项提供依据。

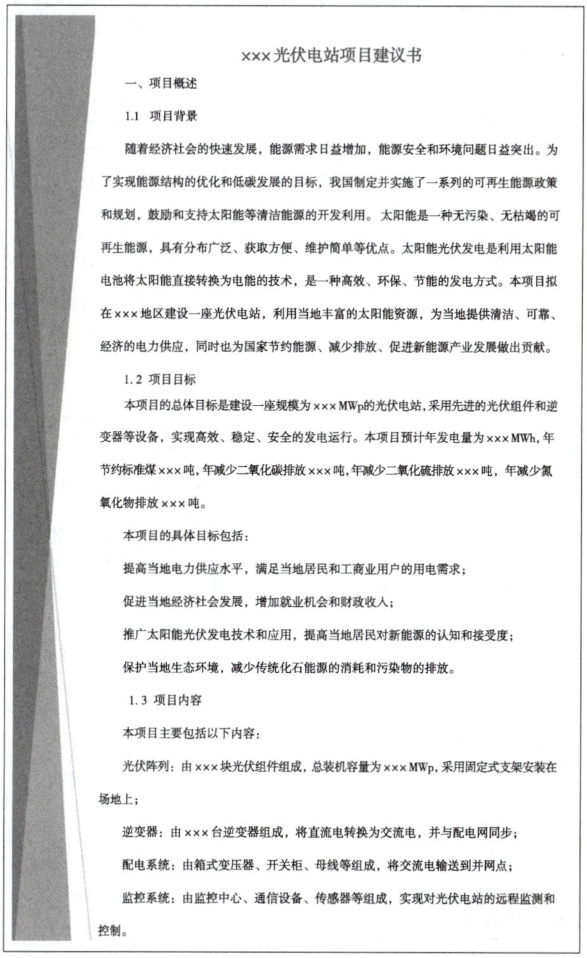

×××光伏电站项目建议书

一、项目概述

1.1　项目背景

随着经济社会的快速发展，能源需求日益增加，能源安全和环境问题日益突出。为了实现能源结构的优化和低碳发展的目标，我国制定并实施了一系列的可再生能源政策和规划，鼓励和支持太阳能等清洁能源的开发利用。太阳能是一种无污染、无枯竭的可再生能源，具有分布广泛、获取方便、维护简单等优点。太阳能光伏发电是利用太阳能电池将太阳能直接转换为电能的技术，是一种高效、环保、节能的发电方式。本项目拟在×××地区建设一座光伏电站，利用当地丰富的太阳能资源，为当地提供清洁、可靠、经济的电力供应，同时也为国家节约能源、减少排放、促进新能源产业发展做出贡献。

1.2　项目目标

本项目的总体目标是建设一座规模为×××MWp的光伏电站，采用先进的光伏组件和逆变器等设备，实现高效、稳定、安全的发电运行。本项目预计年发电量为×××MWh，年节约标准煤×××吨，年减少二氧化碳排放×××吨，年减少二氧化硫排放×××吨，年减少氮氧化物排放×××吨。

本项目的具体目标包括：

提高当地电力供应水平，满足当地居民和工商业用户的用电需求；

促进当地经济社会发展，增加就业机会和财政收入；

推广太阳能光伏发电技术和应用，提高当地居民对新能源的认知和接受度；

保护当地生态环境，减少传统化石能源的消耗和污染物的排放。

1.3　项目内容

本项目主要包括以下内容：

光伏阵列：由×××块光伏组件组成，总装机容量为×××MWp，采用固定式支架安装在场地上；

逆变器：由×××台逆变器组成，将直流电转换为交流电，并与配电网同步；

配电系统：由箱式变压器、开关柜、母线等组成，将交流电输送到并网点；

监控系统：由监控中心、通信设备、传感器等组成，实现对光伏电站的远程监测和控制。

图2-4　×××光伏电站项目建议书

学习笔记栏

2. 立项审批

立项审批环节主要包括拿路条、手续办理、项目批复等（见表 2-2）。

表 2-2　立项审批流程

序号	流程	内　容	意　义
1	拿路条	向项目所在地的市发改委能源处递交“关于开展××光伏项目前期工作的请示”，说明项目情况、示范意义、投资单位介绍等，获取“关于开展××光伏项目前期工作的联系函”，作为项目开展的依据	拿路条是指在项目开发前期，向主管部门申请并获得的一种书面许可，表示该部门对项目的初步认可和支持，为项目后续的手续办理和批复提供便利
2	手续办理	向相关部门办理各种手续，如规划许可、土地使用权、环境影响评估、水土保持方案、林地许可等，获取相应的证件或文件，作为项目建设的条件	手续办理是指在项目开发过程中，按照国家和地方的相关法律法规，向各个涉及的部门申请并获得的一系列证件或文件，证明项目符合规划、土地、环境等方面的要求，为项目建设提供合法性和合规性
3	项目批复	向项目所在地的省发改委递交项目申请书、备案申请表（见表 2-3）、技术方案等，获取项目批复或备案函，作为项目实施的准许	项目批复是指在项目开发后期，向主管部门提交项目的详细信息和技术方案，并经过该部门的审核和评估后，获得的一种书面准许，表示该部门对项目的最终认可和支持，为项目实施提供保障

表 2-3　光伏发电项目备案申请表

项　目		内　容	说　明
项目资料	项目名称		包括投资人、建设场址和建设容量等主要内容
	建设及安装装置地点		项目所在地通信地址
	建设方式		分布式光伏项目的建设方式，包括屋顶、南立面、BIPV、BAPV、区域内空地等
	电力负荷用户名称及类型		电力用户名称以工商部门注册证书名称为准，负荷类型按国务院价格主管部门颁布的电力用户类型填写，个人用户按户籍管理的户主填写
	电力消纳方式		填“自发自用”、“合同能源服务”或“全部上网”
	项目规模/kW		保留 2 位小数
	项目投资/万元		与电网产权分界点之内部门的总投资
	年平均发电量（万 kW · h）		估算运行期平均年发电量
	电力负荷用户电价水平（元/kW · h）		保留 4 位小数
	申请度电补贴标准（元/kW · h）		保留 4 位小数
	预计年补助金额/万元		

续表

项目		内容	说明
项目资料	电力负荷用户用电峰谷电价（元/kW·h）		说明光伏电力负荷用户用电峰谷电价具体情况，包括平峰、高峰价格水平和对应时段等
	预计并网时间		
	并网点电压等级（kV）		与电网产权分界点的电压等级
项目单位资料	项目单位		以工商局注册证书名称为准，个人投资项目不填写本项
	项目单位性质		企业机构或个人
	合同能源服务方式		应说明服务内容、结算电费和接收补贴的主体，应附合同能源管理服务合同文本
	法定代表人		在工商局注册的法定代表人名称，个人投资项目填写户籍管理的户主
	开户行名称		
	银行账号		接受可再生能源电价附加补助的账户
	联系人及方式		项目单位指定联系的专人，个人投资项目填写投资个人

学习笔记栏

3. 项目融资

项目融资包括银行贷款、融资租赁、股权融资、债券融资、政府补贴、可再生能源绿色电力证书等（见表2-4）。

表2-4 项目融资方式及说明

序号	融资方式	说明	优势	缺点	适用条件
1	银行贷款	这是一种常见的融资方式，需要提供保证担保或不动产抵押，利息费用相对较低，但获取门槛较高，需要企业有良好的资质和信誉	1. 利息费用较低 2. 融资期限较长 3. 不影响企业控制权	1. 获取门槛较高 2. 需要提供担保或抵押 3. 需要定期偿还本息	1. 企业有良好的资质和信誉 2. 项目有稳定的现金流和收益预期 3. 项目有可靠的担保或抵押物
2	融资租赁	这是一种以设备为基础的融资方式，出租人根据承租人的需求，向供货商购买设备，并将设备出租给承租人收取租金。这种方式筹资速度快，限制条件少，融资期限长，还款方式灵活，适合有设备需求的光伏行业	1. 筹资速度快 2. 限制条件少 3. 融资期限长 4. 还款方式灵活	1. 租金费用较高 2. 设备所有权归出租人 3. 需要承担设备维修和保养等费用	1. 项目有较大的设备需求 2. 项目有稳定的现金流和收益预期 3. 项目无法提供担保或抵押物
3	股权融资	这是一种通过出让部分企业所有权，引进新股东的融资方式，不需要定期偿付，财务风险较小。但会分散企业控制权，信息沟通成本较大。适合规模较大、信用良好、有发展潜力的光伏企业	1. 不需要定期偿付 2. 财务风险较小 3. 可以引入新股东的资源和经验	1. 分散企业控制权 2. 信息沟通成本较大 3. 股东利益可能存在冲突	1. 企业规模较大 2. 企业信用良好 3. 企业有发展潜力

思考论讨

学习笔记栏

讨论：
什么是“绿证”？

续表

序号	融资方式	说　明	优　势	缺　点	适用条件
4	债券融资	这是一种通过发行绿色债券或绿色资产证券化产品的融资方式，以预期现金流为基础发行有价证券。这种方式发行门槛较低，审批周期较短，审批效率较高。但需要企业有稳定的现金流来源和信用评级	1. 发行门槛较低 2. 审批周期较短 3. 审批效率较高	1. 需要支付利息费用 2. 需要定期偿还本息 3. 需要具备信用评级	1. 项目有稳定的现金流来源，能够按时偿还本息 2. 项目有一定的信用评级，能够吸引投资者的信任和兴趣 3. 项目有一定的规模和影响力，能够在债券市场上获得较好的发行条件和价格
5	政府补贴	政府补贴是指政府为了鼓励和支持光伏发电行业的发展，给予光伏企业或项目一定的财政资助或税收优惠等政策措施	1. 可以降低光伏发电的成本 2. 可以提高竞争力和盈利能力 3. 可以享受税收优惠等政策措施	1. 政策变化不确定 2. 补贴到位时间不稳定 3. 可能会影响现金流和收益预期	1. 符合国家和地方政策导向 2. 有利于环境保护和社会效益 3. 有较高的技术水平和管理水平
6	可再生能源绿色电力证书	简称“绿证”，是可再生能源电力消费的凭证（见图 2-5）。这是一种通过市场募集资金投向可再生能源发电企业的融资机制，即发电企业每上网 1 兆瓦时电，对应 1 个绿色电力证书。这是一种直接融资方式，实属新能源行业创新之举	1. 可以增加可再生能源发电企业的收入 2. 可以促进可再生能源电力消费市场的建设 3. 可以提高可再生能源发电企业的信誉和形象	1. 绿证价格受市场供需影响 2. 绿证交易机制尚不完善 3. 绿证认定和核发存在一定难度	1. 项目为可再生能源发电项目 2. 项目已经并网运行 3. 项目符合绿色标准和要求

编号：XXXXXXX日期：XXXX-XX-XX

绿色电力购买证明
GREEN ELECTRICITY CERTIFICATE

兹此证明

XXXXXXXXXXXXXXXXXXXX

通过全国绿色电力证书自愿认购平台，购买XXXXXXXXXXXXXXX项目（项目代码XXXXXXXXXXXXXX）XXXX千瓦时绿色电力。

感谢XXXXXXXXXXXXXXXXX对支持中国绿色电力发展所作出的贡献！

国家可再生能源信息管理中心

图 2-5　绿色电力购买证明

2.3.2 施工建设

学习笔记栏

光伏电站施工建设阶段（见图2-6）包括设计施工、设备采购、安装调试以及质量检测等，具体内容见表2-5。

设计施工 → 设备采购 → 安装调试 → 质量检测

图2-6 光伏电站建设施工阶段

表2-5 光伏电站施工建设具体内容

序号	内　容	步　骤	注意事项
1	设计施工	1. 根据项目方案和技术要求，编制设计图纸和施工图纸。 2. 根据设计图纸和施工图纸，制定施工组织设计和施工进度计划。 3. 按照施工进度计划，组织施工人员、设备和材料，进行土建、支架、电气、仪控等各专业的施工。 4. 按照质量标准和验收规范，进行施工质量控制和监督检查	1. 设计图纸和施工图纸应符合国家和行业的规范标准，反映项目的技术特点和要求。 2. 施工组织设计和施工进度计划应合理安排人力、物力、财力等资源，保证施工的顺利进行。 3. 施工过程中应遵守安全生产规定，防止事故的发生。 4. 施工质量控制和监督检查应按照规定的程序和方法进行，及时发现并解决质量问题
2	采购设备	1. 根据设计图纸和技术要求，编制设备清单和采购计划。 2. 根据采购计划，选择合格的供应商，采购光伏组件、逆变器、支架、线缆等主要设备和材料。 3. 根据合同约定，进行设备的验收、入库、保管等。 4. 根据施工进度计划，进行设备的配送、安装准备等	1. 设备清单和采购计划应明确设备的名称、规格、数量、价格等信息，避免遗漏或重复。 2. 设备的招标、比选、合同签订等应遵守国家和行业的相关法律法规，公开透明，公平竞争。 3. 设备的验收、入库、保管等应按照合同约定和质量标准进行，防止设备的损坏或丢失。 4. 设备的配送、安装准备等应与施工进度计划相协调，保证设备的及时到位
3	安装调试	1. 根据设计图纸和技术要求，编制安装调试方案和检验测试方案。 2. 根据安装调试方案，组织施工队伍进行光伏电站的安装工作，包括场地平整、支架安装、组件安装、线路敷设、逆变器安装、接地系统安装等。 3. 根据检验测试方案，进行设备的调试、测试、优化等。 4. 根据质量标准和验收规范，进行安装调试质量控制和监督检查	1. 安装调试方案和检验测试方案应符合设计图纸和技术要求，体现项目的技术特点和要求。 2. 设备的安装、连接、接地等应按照安装调试方案进行，保证设备的正确性和稳定性。 3. 设备的调试、测试、优化等应按照检验测试方案进行，保证设备的性能和效率

学习笔记栏

续表

序号	内　容	步　骤	注 意 事 项
4	质量检测	1. 编制质量检测方案和报告模板：根据设计图纸和技术要求，编制质量检测方案和报告模板，明确检测的内容、方法、标准、频次、责任等。 2. 进行质量检测：根据质量检测方案，进行土建、支架、电气、仪控等各专业的质量检测，采用现场观察、仪器测量、抽样检验等方式，记录检测的数据和结果。 3. 编制质量检测报告：根据报告模板，编制质量检测报告，并提交相关部门审核。质量检测报告应客观反映项目的质量状况，指出存在的问题和建议。 4. 进行质量问题的整改或确认：根据审核意见，进行质量问题的整改或确认，并完成质量检测文件的归档。对于不合格或不符合要求的部分，应及时进行整改或重新检测，直至达到标准。对于合格或符合要求的部分，应进行确认或签字，并保存相关证明材料	1. 质量检测应按照质量检测方案进行，不得随意更改或省略。 2. 质量检测应由专业人员或第三方机构进行，不得自己检测自己的工作。 3. 质量检测应使用合格的仪器设备，并定期校准或检定。 4. 质量检测应保持客观公正，不得造假或隐瞒。 5. 质量检测应及时反馈和汇报，不得拖延或漏报

2.3.3 并网验收

并网验收是光伏电站开发建设的最后一个阶段，它是指光伏电站与电网系统的连接和运行的检验和确认。并网验收包括并网申请、接入系统方案、验收及并网、签订并网协议等。

并网申请

• 光伏电站项目业主向电网公司提交并网申请（见表2-6），提供相关的项目资料和文件，如项目规模、装机容量、并网模式、并网点、并网电压等级、法人资质、土地证、房产证等。电网公司受理申请后，安排工作人员到现场勘察，确定接入条件和要求。

接入系统方案

• 电网公司根据现场勘察情况，制定接入系统方案，包括一次和二次方案及主设备参数、产权分界点设置、计量关口点设置、关口电能计量方案等，并组织相关部门进行评审，出具评审意见和接入意见函。

验收及并网

• 光伏电站项目业主根据接入系统方案完成项目设计和施工，并提交设计文件和验收申请资料。电网公司安排相关人员到现场验收，检查设备安装质量、保护装置配置、通信监控系统等，并进行并网性能测试（见表2-7）。

签订并网协议

• 验收合格后，签订供用电合同和调度协议，执行调度命令，完成并网工作。

学习笔记栏

表 2-6　分布式光伏发电项目并网申请表

项目编号		申请日期	年　月　日
项目名称	分布式光伏发电项目并网		
项目地址			
项目投资方			
项目联系人		联系人电话	
联系人地址			
装机容量	投产规模　kW 本期规模　kW 终期规模　kW	意向并网 电压等级	□ 10（6）kV □ 380 V ■ 其他
发电量意向 消纳方式	□ 全部自用 ■ 全部上网 □ 自发自用余电上网	意向 并网点	■ 用户侧（1 个） □ 公共电网（　个）
计划 开工时间	年　月　日	计划 投产时间	年　月　日
核准要求	■ 省级　□ 地级市　□ 其他　□ 不需核准		
下述内容由选择自发自用、余电上网的项目业主填写			
用电情况	月用电量（　kW·h） 装接容量（　万 kV）	主要 用电设备	
业主提供 资料清单	1. 经办人身份证原件及复印件和法人委托书原件（或法人代表身份证原件及复印件）。 2. 企业法人营业执照（或个人户口本）、土地证、房产证等项目合法性支持性文件。 3. 政府投资主管部门同意项目开展前期工作的批复（需核准项目）。 4. 项目前期工作相关资料。		
本表中的信息及提供的文件真实准确，谨此确认。 申请单位：（公章） 申请个人：（经办人签字） 年　月　日		客户提供的文件已审核，并网申请已受理，谨此确认。 受理单位：（公章） 年　月　日	
受理人		受理日期	年　月　日
告知事项： 1. 本表信息由客服中心录入，申请单位（个人用户经办人）与客服中心签章确认。 2. 本表 1 式 2 份，双方各执 1 份。			

学习笔记栏

表 2-7 国网××供电公司分布式电源并网验收和并网调试申请表

项目编号		申请日期	年 月 日
项目名称			
项目地址			
项目类型	□光伏发电 □天然气三联供 □生物质发电 □风电 □地热发电 □海洋能发电 □资源综合利用发电		
项目投资方			
项目联系人		联系人电话	
联系人地址			
并网点	个	接入方式	T接 个 专线接入 个
计划 验收完成时间	年 月 日	计划 并网调试时间	年 月 日
并网点位置、电压等级、发电机组（单元）容量简单描述			
并网点 1			
并网点 2			
并网点 3			
并网点 4			
本表中的信息及提供的文件真实准确，单位工程已完成并网前验收、调试，具备并网调试条件，谨此确认。 申请单位：（公章） 申请个人：（经办人签字） 年 月 日		客户提供的文件已审核，并网申请已受理，谨此确认。 受理人： 年 月 日	
告知事项： 1. 具体调试时间将在 2 个工作日内电话通知项目联系人。 2. 24 小时供电服务热线：95598；网上国网 APP；全国能源监管投诉举报热线：12398。			

2.3.4 电站运营

光伏电站运营主要包括运维管理、发电量监测、收益结算、故障处理等几个方面（见表 2-8）。

表 2-8　光伏电站运营具体内容

学习笔记栏

序号	内　容	步　骤	意　义
1	运维管理	1. 根据电站的技术特点和运行状况，制定运维管理方案和计划。 2. 组织运维人员、设备和材料，进行电站的日常巡检、定期保养、定期检修等。 3. 按照质量标准和安全规范，进行运维质量控制和安全管理。 4. 记录运维数据和信息，编制运维报告和分析，提出运维建议和改进措施	运维管理是指对电站的设备、系统、人员等进行有效的管理和维护，以保证电站的正常运行和发电效率。运维管理的意义在于延长电站的使用寿命，降低电站的运行成本，提高电站的安全性和可靠性
2	发电量监测	1. 根据电站的设计方案和技术要求，安装发电量监测系统，包括发电量计量装置、数据采集装置、数据传输装置等。 2. 根据发电量监测系统的工作原理和操作方法，进行发电量监测系统的调试、测试、优化等。 3. 根据发电量监测系统的数据输出和显示，实时监测电站的发电量、功率、效率等指标。 4. 根据发电量监测系统的数据存储和分析，定期生成发电量报告和分析，提出发电量优化建议和措施	发电量监测是指对电站的发电情况进行实时或定期的监测和记录，以获取电站的发电数据和信息。发电量监测的意义在于反映电站的运行状况，评估电站的发电效果，支持收益结算和优化调度
3	收益结算	1. 根据电站的合同约定和政策规定，确定收益结算的方式、周期、标准等。 2. 根据发电量监测系统的数据核对和确认，计算收益结算的金额、税费等。 3. 根据收益结算的程序和方法，进行收益结算的申请、审核、支付等。 4. 根据收益结算的结果和情况，编制收益结算报告和分析，提出收益增长建议和措施	收益结算是指根据电站的发电量和价格，计算并支付给电站或投资者相应的收益。收益结算的意义在于实现光伏项目投资回报，激励光伏项目建设和运营，促进光伏行业发展
4	故障处理	1. 根据故障检测系统的报警信号或运维人员的巡检发现，及时识别故障类型、位置、原因等。 2. 根据故障处理方案和方法，组织故障处理人员、设备和材料，进行故障排除或更换等。 3. 根据故障处理后的测试结果或运行情况，确认故障是否已经解决或消除。 4. 根据故障处理过程和结果，记录故障处理数据和信息，编制故障处理报告和分析，提出故障预防建议和措施	故障处理是指对电站的设备、系统、人员等出现的异常或损坏进行及时的诊断和修复，以恢复电站的正常运行和发电效率。故障处理的意义在于保证电站的安全性和可靠性，减少电站的停机时间和损失，提高电站的运行效率和寿命

习　题

一、填空题

1. 一般来说，承包光伏电站项目需要具备________的电力工程施工总承包资质，具体要求根据电站的规模和电压等级而定。

2. 建造师资格证书，分为一级和二级两个等级。一建可以担任（特级）、

习题答案

学习笔记栏

一级、二级、三级资质的企业的项目经理；二建只能担任________、________资质企业的项目经理。

3. 常见的承包模式有________、________、________总承包模式。

4. 光伏电站建设流程分为四个阶段：________、________、________、________。

5. ________是可再生能源电力消费的凭证。

二、判断题

1. 二建能担任二级、三级资质的企业的项目经理，并且在全国范围内执业。（　）

2. EPC 总承包模式是一种注重全过程管理和动态管理的现代化承包模式。（　）

3. 绿证是一种通过市场募集资金投向可再生能源发电企业的融资机制，即发电企业每上网 1 兆瓦时电，对应 1 个绿色电力证书。（　）

4. 光伏电站项目业主向电网公司提交并网申请，提供相关的项目资料和文件，便可以签订并网协议。（　）

5. 电网公司根据现场勘察情况，制定接入系统方案，包括一次和二次方案及主设备参数、产权分界点设置、计量关口点设置、关口电能计量方案等，并组织相关部门进行评审，出具评审意见和接入意见函。（　）

光伏电站施工管理

学习笔记栏

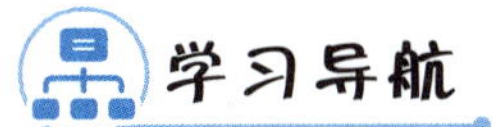

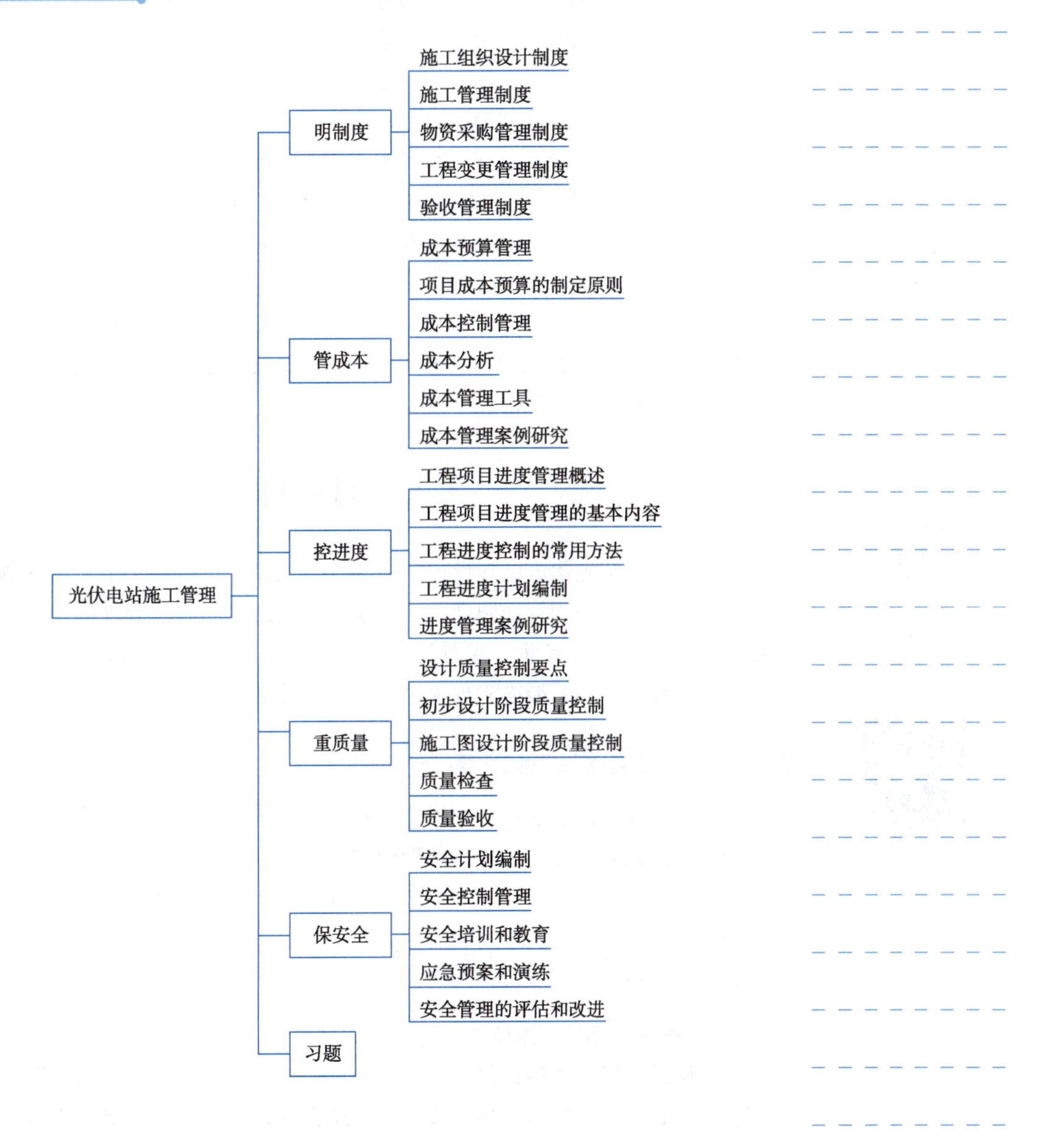

学习笔记栏

引　言

光伏电站工程施工管理是指在光伏电站建设过程中对施工活动进行有效的组织协调、控制和优化，以保证工程质量、安全、进度和成本等目标的实现。光伏电站工程施工管理涉及施工组织设计、施工现场管理、施工质量管理、施工安全管理、施工环境保护管理、施工进度管理、施工成本管理等内容，是保证光伏电站高效运行和维护的基础。本章将围绕以上内容进行介绍和说明，帮助读者了解和掌握光伏电站工程施工管理的基本知识。

学习目标

1. 了解光伏电站工程施工管理的基本概念、内容和原则。
2. 掌握光伏电站施工质量管理的基本标准和程序。
3. 掌握光伏电站施工安全管理的基本要求和方法。
4. 理解光伏电站施工环境保护管理的基本规范和措施。
5. 理解光伏电站施工进度管理的基本方法和技术。
6. 掌握光伏电站施工成本管理的基本原理和方法。
7. 培养学生的创新意识，不断学习和掌握新技术、新方法、新理念，提高对光伏电站工程施工全过程的规划、组织、协调、控制和优化的技术水平和管理能力。
8. 培养学生树立诚信守法的原则，遵守国家法律法规和行业规范，履行合同义务，保证工程质量符合技术标准和客户要求。

思考：
光伏电站施工管理的制度管理应该遵循哪些原则和标准？如何制定和执行有效的制度管理方案？

思考答案

3.1　明制度

本节主要介绍光伏电站建设过程中的管理制度，包括施工组织设计制度、施工管理制度、物资采购管理制度、工程变更管理制度和验收管理制度。这些管理制度的制定和实施，有助于规范施工流程、提高施工效率、保障工程质量和安全、控制工程成本，并最终实现项目的成功交付。

3.1.1　施工组织设计制度

施工组织设计制度是指在工程建设前期，对工程施工的组织管理及实施方案进行设计和规划的制度。施工组织设计应当根据工程特点、环境条件、技术要求和安全保障等方面的要求，综合考虑各项因素，制定出合理的施工方案和管理措施，明确各个施工环节的职责和任务。

施工组织设计制度应包含的内容主要有：

1. 工程施工组织机构及其职责

工程施工组织机构是指建立在工程项目上的一个组织机构，它是工程施工管理的主要内容之一。根据工程的质量、工期目标，考虑本工程复杂性和技术含量等情况，配备满足工程建设需要的管理和技术人员，并建立有效的管理机构和责任制度，包括以下机构（见图3-1）和相应职责（见图3-2）。

学习笔记栏

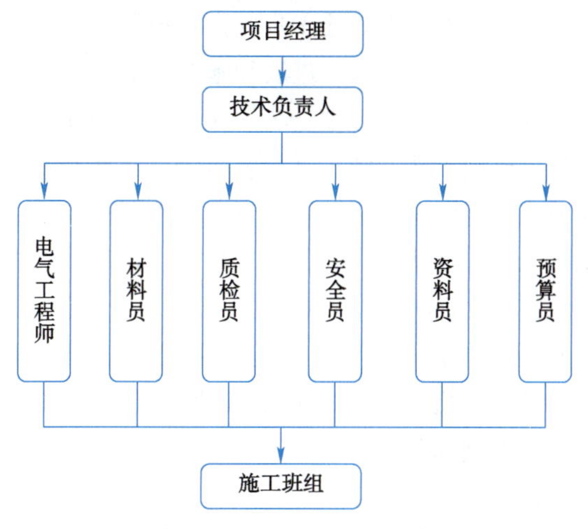

图3-1　工程施工组织机构

项目经理

1. 施工生产的指挥者，对施工质量、施工工期、安全生产负直接领导责任，贯彻执行项目的各类生产计划方案。
2. 负责工程各项目标的落实；协调各工程专业、分包专业的配合工作。
3. 按照工程合同条款的要求，完成各项控制目标。
4. 负责对外联系和对内协调，对工程施工全过程进行有效监控。
5. 组织工程各阶段的内部质量验收。

技术负责人

1. 在技术负责人的领导下，主持项目日常施工管理工作，贯彻执行公司质量、环境、职业健康安全方针，组织实施项目目标及管理方案，对各分部、分项贯彻的施工质量、工期、安全负直接责任。
2. 受项目经理委托，指挥现场施工按施工组织设计和质量要求进行实施。项目经理外出时，代理项目部日常工作，处理项目部紧急事务。
3. 负责贯彻质量和安全的过程控制，主持质量事故和不合格工程的分析处理。
4. 负责协调各施工单位交叉施工中各工序的衔接与工作配合，定期或不定期组织工程项目检查，及时统计与总结，提出建议和决策意见，对不合格和不经济的施工方案，行使否决权。
5. 严格按合同要求组织施工生产，保证项目质量。

电气工程师

1. 分管电气生产技术的日常工作， 对电气工程技术、质量负有第一责任。
2. 定期或不定期地组织对电气工程的施工技术、质量进行检查。
3. 组织编制施工组织设计、方案措施，并进行技术交底。
4. 负责电气分部的质量核定。
5. 负责综合布线系统，包括电视、电话、通信、网络、频监控等，所有埋管、布线、安装和调试工作。

质检员

1. 负责对分项工程和检验批质量的检查、监督和报验。
2. 按照分项工程的目标，严把质量关，收集不合格信息。
3. 参加进场原材料、构配件的质量验收。
4. 制定施工过程检验计划。

资料员

1. 负责项目文件与资料的收发、汇集、编目、核查和保管等工作。
2. 指导工程技术资料编制工作。
3. 负责项目日常资料的打印工作。

安全员

1. 负责施工现场的安全施工检查、控制，组织项目的安全教育和安全活动。
2. 负责编制项目安全管理和文明施工措施并监督、检查各施工单位的执行、落实情况。
3. 负责安全技术资料的填写。
4. 对现场出现的事故隐患及时采取相应的措施。
5. 负责对进场机械设备验收、检查管理工作。

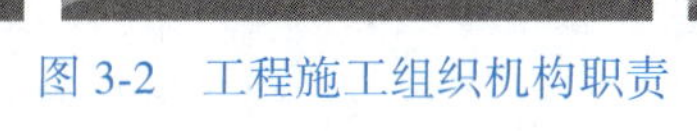

图3-2　工程施工组织机构职责

学习笔记栏

2. 施工方法及施工步骤

施工方法是指根据工程施工的特点和施工环境的条件，选定适当的施工方法，以达到施工质量和进度的要求。施工步骤是指按照工程施工计划和施工方法的要求，合理安排施工步骤，确保施工进度和施工质量的要求。

光伏电站施工步骤：施工队伍计划分为三个工种的施工作业队伍，即土建施工队、结构施工队和电气施工队。施工步骤：首先，土建施工队进入现场进行土方的粗平衡，在粗放线后组织机械进行土方的开挖和填方工作；其次，在条件具备的情况下土建队进入施工现场后，先组织道路和方阵基准线的放样工作，定出施工便道位置，组织施工便道和临时设施、临时用电，土建施工队对现场的整体方位进行放线定位作业，具备开挖条件后进行基础的定位放线和基坑的开挖工作；再次，随着基础的浇筑混凝土，展开结构的安装和组件的安装工作；最后，电缆的连接、汇线箱和控制部分的安装。工程在施工期间组织交叉流水作业，以充分利用现有的工作面开展工作。

施工流程如图 3-3 所示。

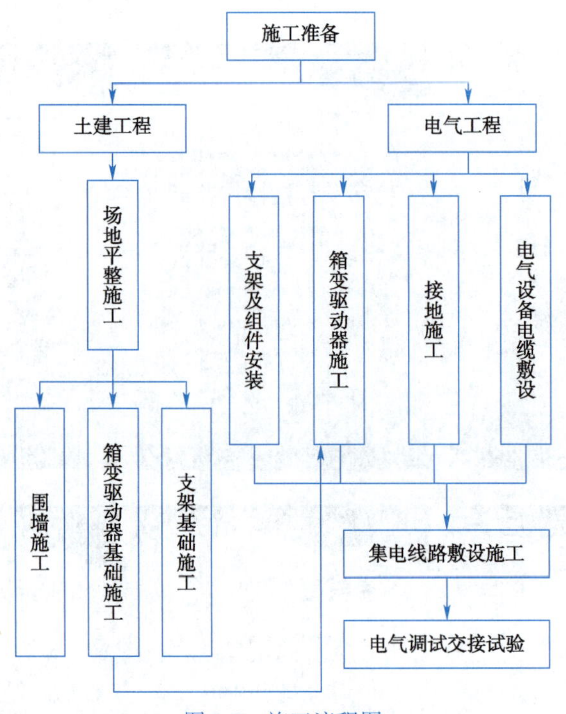

图 3-3　施工流程图

3. 施工设备、工具、材料的选型及管理

根据工程施工的需要，选用适当的设备、工具和材料，进行配备和管理，以确保施工的顺利进行。

4. 劳动力的组织和管理

根据工程施工计划和施工方法的要求，组织和安排施工人员的工作任务，进行劳动力管理和培训，以确保施工进度和质量的要求。

学习笔记栏

5. 安全生产组织及其管理

在施工过程中，制定和实施安全管理制度，组织和安排安全生产工作，保障工程施工的安全。

6. 质量保证措施及其管理

质量是工程建设的生命线，对于光伏电站建设来说，质量管理尤为重要。因此，施工管理制度必须包括质量管理的各项规定。

在施工前，应制定质量管理计划，确定质量控制目标和标准，明确各项质量检验的内容和标准。施工过程中，应采取一系列措施，如建立质量保证体系、加强施工工艺的控制、完善材料和设备管理、加强质量检验等，以确保工程的质量达到要求。

7. 环境保护措施及其管理

在施工组织设计中应充分考虑环境保护的因素，制定相应的措施和管理办法，以保证光伏电站的建设和运营对环境的影响最小化。环境保护措施及其管理内容如图3-4所示。

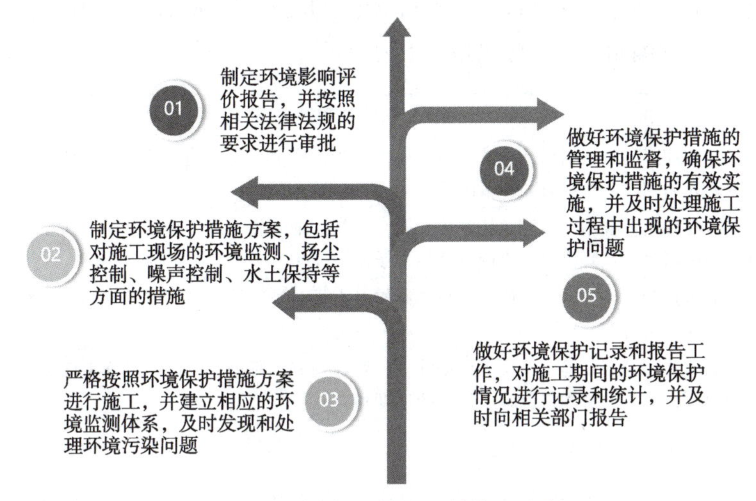

图3-4 环境保护措施及其管理内容

8. 竣工验收的组织和管理

施工组织设计应制定详细的竣工验收方案，按照相关法律法规的要求进行竣工验收，并做好竣工验收的组织和管理工作。竣工验收的组织和管理内容如图3-5所示。

3.1.2 施工管理制度

施工管理制度是指在光伏电站建设过程中，对施工工程的各项管理活动进行规范和控制的制度。施工管理制度应当明确施工管理的目标、原则和职责，确立科学、合理的施工管理体系，规范施工活动流程，提高施工效率，保障工程质量和安全。

学习笔记栏

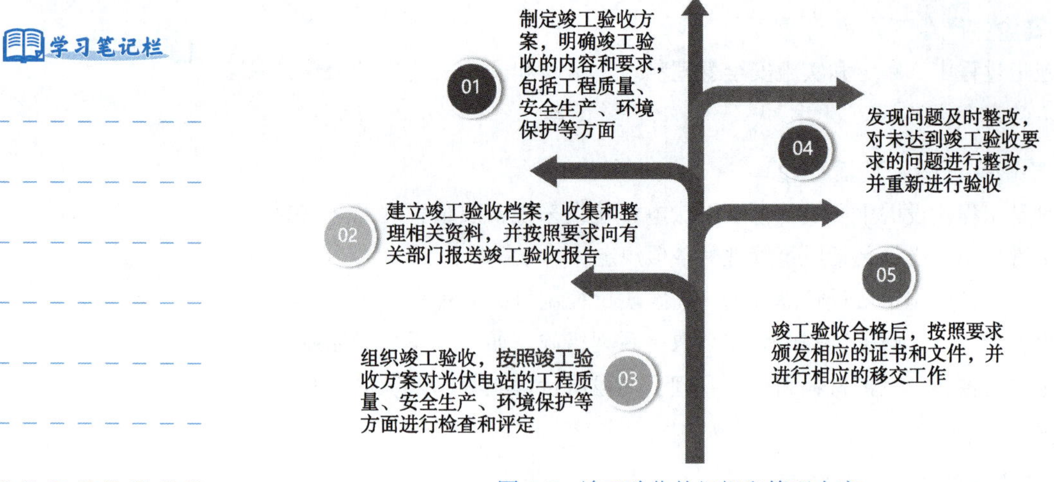

图 3-5　竣工验收的组织和管理内容

1. 施工计划的编制和管理

施工计划是指根据设计文件和施工组织设计，对工程施工全过程的各项任务、时间、资源进行科学合理的安排和调度，是施工管理的基础和核心。

施工计划的编制和管理应包括以下内容：

施工计划的编制和管理
确定施工任务和工期：根据设计文件和施工组织设计，确定工程的施工任务和工期，合理安排各项施工任务的先后顺序、持续时间和资源投入等
编制施工进度计划：根据工程施工任务和工期，编制详细的施工进度计划，确定施工任务的完成时间节点和关键路径，及时调整和协调各项施工任务的进度
施工计划的审核和确认：施工单位应组织专业技术人员对施工计划进行审核和确认，确保施工计划的科学合理性和可行性
施工计划的监督和控制：施工单位应根据施工进度计划和实际施工情况，对施工任务的完成情况进行监督和控制，及时调整和协调施工任务的进度和资源

2. 工程合同的履行和管理

工程合同是工程建设过程中的一项重要法律文件，包括建设单位和承包单位之间的权利和义务，明确了工程建设的基本内容、要求和标准，对于保证工程质量和工程进度具有重要作用。

工程合同的履行和管理应包括以下内容：

工程合同的履行和管理
合同的签订和审核：工程建设单位和承包单位应根据实际情况，签订具有法律效力的工程建设合同，并对合同内容进行认真审核
工程合同的履行：工程建设单位和承包单位应按照工程合同的约定，履行各项合同义务，保证工程质量和进度的实现
工程合同变更的管理：对于因工程实际情况变化而需要进行工程合同变更的情况，应按照法律法规和合同约定的程序进行申请、审核和实施
工程合同索赔和争议的处理：对于因工程建设过程中发生的索赔和争议，应及时采取措施进行协商和解决，保证工程建设进度和质量

学习笔记栏

3. 施工现场管理

施工现场管理是指在光伏电站建设现场，对施工人员、设备、材料和施工工艺等进行管理的活动。施工现场管理应符合相关的法律法规和标准，确保施工现场安全、整洁、有序。

在施工现场管理方面，施工管理制度应包括以下内容：

施工现场施工管理制度
施工现场组织和布置：指对施工现场进行合理的规划和布局，确保施工现场的安全、有序、高效。施工现场组织和布置应根据工程特点和工期要求进行设计，包括施工区域划分、设备设施摆放、人员通行道路等。同时，应根据现场实际情况制定现场管理方案，明确各项管理职责和管理措施
施工现场安全管理：指对施工现场各种安全隐患进行识别、评估、控制和消除的管理活动。施工现场安全管理应按照《建筑工程安全生产管理条例》等相关法律法规和标准进行，确保施工现场人身安全和财产安全。施工管理制度应包括安全教育、安全检查、事故处理等方面的规定
施工现场卫生管理：指对施工现场卫生状况进行监督和管理的活动。施工现场卫生管理应保证施工现场干净、整洁，避免建筑垃圾和危险废物的滞留和聚集，防止污染和感染疾病。施工管理制度应包括施工现场卫生清洁、垃圾处理、废弃物处理等方面的规定
施工现场文明施工管理：指在施工现场进行文明施工的管理活动。文明施工是指在施工过程中遵守相关法律法规和标准，做到无噪声、无扬尘、无污染、有序施工的管理方式。施工管理制度应包括文明施工标准、文明施工奖惩、文明施工监督检查等方面的规定

3.1.3 物资采购管理制度

物资采购管理制度是指在光伏电站建设过程中，对所需物资进行采购和管理的制度。物资采购管理制度应当根据工程特点、物资种类、采购方式、采购数量和质量要求等因素，制定出科学、合理的物资采购计划和采购管理流程，确保物资采购的质量、进度和成本控制。

具体来说，物资采购管理制度应该包含以下内容：

物资采购管理制度
物资采购计划的编制和管理：在建设过程中，根据工程特点、物资种类、采购方式、采购数量和质量要求等因素，制定出科学、合理的物资采购计划和采购管理流程。采购计划应包括物资采购的种类、数量、质量要求、采购时间等信息
供应商选择和评估：根据物资采购计划，进行供应商的选择和评估。评估供应商的标准应包括其信誉度、经验、质量保证能力、交货能力等方面
采购合同的签订和履行：在选择了供应商之后，需要与其签订采购合同。合同应明确物资的种类、数量、质量、交货时间、价格等信息，并规定好双方的权利和义务，以确保采购的顺利进行
物资进场验收管理：物资进场后需要进行验收，以确保其质量符合要求。验收应按照国家相关标准进行，对不合格的物资要及时退换货
物资存储和管理：物资进场后需要进行存储和管理，以保证其质量不受影响。存储条件应符合相关要求，对物资的数量和位置应进行标记，以便查找和管理
采购合同的签订和履行：在选择了供应商之后，需要与其签订采购合同。合同应明确物资的种类、数量、质量、交货时间、价格等信息，并规定好双方的权利和义务，以确保采购的顺利进行

学习笔记栏

续表

物资采购管理制度
物资消耗和库存管理：物资采购后需要进行消耗和库存管理，以确保物资的有效利用和库存的合理控制。需要做好物资的清点、报废和更新工作，确保库存的合理化
采购成本和采购费用的核算和管理：在采购过程中，需要对采购成本和采购费用进行核算和管理，以确保采购过程的成本控制。核算的内容包括采购成本、运输费、关税、保险费等费用的计算。同时，需要对采购费用进行预算和控制，以确保采购过程的费用不超过预算

3.1.4　工程变更管理制度

工程变更管理制度是指在光伏电站建设过程中，对工程设计、施工方案、材料和设备等发生变更时的管理制度。工程变更管理制度应当制定合理的变更管理程序和规定，确保变更的合理性和可行性，控制变更对工程质量、安全和进度的影响。

工程变更管理制度应包含的内容主要有：

工程变更管理制度
工程变更申请和审批流程：建立健全的工程变更申请和审批流程是工程变更管理的基础。申请人应按规定填写工程变更申请表，并提供详细的变更说明和必要的支撑文件。审批流程应明确变更的审批权和审批流程，确保变更审批的及时性和准确性
工程变更的评估和可行性分析：对于工程变更申请，必须进行评估和可行性分析。评估主要是变更对工程质量、安全、进度、成本等方面的影响进行评估，确定变更的优缺点和必要性。可行性分析主要是对变更的技术可行性、经济可行性、管理可行性等方面进行分析，确定变更的可行性
工程变更的合理性和必要性审核：在评估和可行性分析的基础上，还需要进行工程变更的合理性和必要性审核。审核主要是对变更的技术合理性、经济合理性、管理合理性等方面进行审核，确定变更的合理性和必要性
工程变更的管理和控制：变更的实施必须按照变更管理程序进行。对于变更的实施，必须进行变更计划的编制和管理，变更执行的监督和控制，变更后效果的评估和分析等工作。变更管理要求及时、准确、规范，确保变更对工程质量、安全、进度、成本等方面的影响得到最小化
工程变更后的合同变更管理：工程变更的实施可能涉及合同的变更。对于合同变更，必须按照合同管理制度进行管理，包括变更后合同的签订、履行和管理等方面。同时，还需要对合同变更对工程质量、安全、进度、成本等方面的影响进行评估和分析，确保合同变更的合理性和必要性

3.1.5　验收管理制度

验收管理制度是指在光伏电站建设结束后，对工程竣工验收活动进行规范和控制的制度。验收管理制度应当明确验收的目的、程序和标准，确保工程质量符合相关规定和技术标准，达到设计要求和安全要求。

验收管理制度是光伏电站建设与施工管理中非常重要的一环，它能够保障工程质量，确保光伏电站能够正常运行并达到预期效果。下面对验收管理制度的主要内容进行详细阐述：

验收管理制度
竣工验收的程序和流程：验收的程序和流程是指验收活动中所需要遵循的步骤和流程。它包括：验收前准备工作、验收人员的安排、验收文件的准备和审核、现场验收、验收结果的记录和报告等环节。在制定验收程序和流程时，需要考虑到不同工程类型的差异性和特殊性
竣工验收标准和技术规范：验收标准和技术规范是评估工程质量是否符合相关规定和技术标准的依据。它通常包括技术要求、工艺标准、检测标准、安全标准等内容。在制定验收标准和技术规范时，需要参照国家有关标准和规范，同时考虑到本工程的特点和实际情况
竣工验收的工作安排和组织管理：验收的工作安排和组织管理是指在验收活动中需要组织的各项工作，包括人员安排、工作任务分配、现场协调等。在组织管理方面，需要考虑到验收人员的专业性和经验，合理安排工作时间和任务，确保验收活动的高效性和规范性
竣工验收结果的处理和管理：指对验收结果进行评估和分析，确定验收结果的合格性和处理方案。在处理和管理方面，需要对验收结果进行记录和报告，及时反馈给建设单位和设计单位，对不合格的部分进行整改和修复，确保工程质量符合相关标准和要求

学习笔记栏

3.2 管成本

思考：光伏电站施工管理的成本管理应该遵循哪些原则和标准？如何制定和执行有效的成本管理方案？

思考答案

光伏电站建设成本是指在建设光伏电站过程中所需要的所有费用，包括土地、设计、施工、设备采购、材料采购、工程变更、监理、检测等各项费用。因此，成本管理是光伏电站建设过程中非常重要的一部分，它涉及整个项目的经济效益和风险控制。光伏电站投资的高低，主要受技术路线、设备选型、项目规模、电压等级、施工条件、非技术成本等因素的影响，具体如图3-6所示。

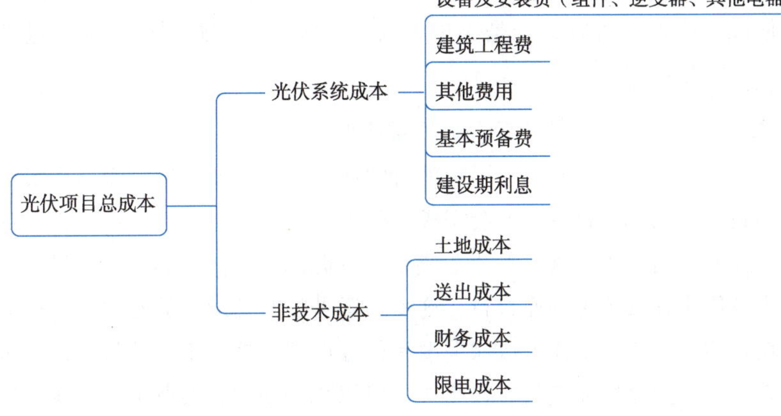

图3-6 成本影响因素

3.2.1 成本预算管理

成本预算管理是指在项目开始前，制定全面合理的成本预算，明确各项费用的用途、数量、价格等，为项目的实施提供经济保障。

下面分别对成本预算管理应包含的内容进行进一步的解释：

学习笔记栏

成本预算管理
成本预算计划的制定：成本预算计划是在项目开始前制定的，主要包括各项费用的用途、数量、价格等，旨在为项目提供全面合理的成本预算，并为后续的成本控制提供依据。成本预算计划的制定需要综合考虑工程量清单、施工方案、物资清单、设备清单等因素，制定出科学合理的成本预算计划
成本预算计划的审核和批准：成本预算计划的审核和批准是确保成本预算计划的科学性和合理性的重要步骤。在审核和批准成本预算计划时，需要仔细检查各项费用的合理性、计算公式的正确性等，确保成本预算计划的科学合理性
成本预算计划的调整和控制：成本预算计划的调整和控制是确保成本预算计划实施的重要环节。在项目实施中，可能会出现一些不可预见的情况，例如工程量增加、价格变动等，这就需要对成本预算计划进行调整。此外，成本预算计划的控制也是确保成本预算计划实施的重要手段，通过对各项费用的实际支出情况进行监控和控制，确保项目成本的合理性和经济性

3.2.2 项目成本预算的制定原则

1. 项目成本与项目目标相联系的原则

成本核算时遵循一个原则，就是“不同目的，不同成本”。开发一种新产品的成本要远远大于改良一种老产品所需花费的成本。只有根据项目具体目标来制定成本预算，才能保证预算计划与实际预算支出相接近，为项目预算的可行性提供保证。

2. 项目成本与项目进度相关

一般情况下，项目进度越快，项目成本越高。如果项目进度加快，那么就需要工人加班，或者在采购材料的时候由于找不到合适价格的供应商而不得不以高于预期的价格购买原材料，这些都将导致项目成本增加但是缩短工期，能减少间接费用，使成本降低。所以无论是大项目或是小项目，做好周密的项目进度计划，会降低成本预算的压力。

3. 项目成本与项目成员对项目的理解和把握相关

项目成员对项目的理解必然会影响项目的成本支出。如果项目团队人员没有准确把握项目计划的真正目标，就会完成一些不必要的工作，而这些工作对项目目标的实现没有任何作用，这样只会造成项目资源的浪费。例如，有项目计划中需要建一个仓库来存放施工的原材料，这个布置是临时性的，随着项目的完工也就失去使用价值，而修建工作人员如果没有很好地理解这项工作的目的，就可能会过多地使用资源把仓库建造的比较牢固，可以长期使用，浪费项目资源，同时也增加了项目成本。

3.2.3 成本控制管理

成本控制管理是指在光伏电站建设过程中，通过监控和分析各项费用的支出情况，控制工程的成本，确保建设项目的经济效益。成本控制应当结合工程进度、质量和安全等方面因素进行，采用科学的管理手段和控制措施，保证项目的顺利进行。

学习笔记栏

1. 成本监控和分析

在成本控制管理中，成本监控和分析是非常重要的一环。通过对各项费用的支出情况进行监控和分析，可以及时掌握工程成本的变化情况，从而采取有效的措施控制成本。

具体内容包括：

成本数据的收集和记录：对工程各项费用支出情况进行收集和记录，包括材料采购、设备安装、人工工资等方面的费用。

成本数据的分析和比较：对不同时间段的成本数据进行分析和比较，找出成本变化的原因和规律。

成本预测和预警：通过对历史数据和当前趋势的分析，预测未来的成本变化趋势，并及时发出预警，为成本控制提供依据。

光伏系统投资成本每部分包含的详细项目见表3-1。

表3-1 工程概算表

编号	工程或费用名称	设置购置费/万元	建安工程费/万元	其他费用/万元	合计/万元	占总投资比例/%
一	施工辅助工程					
1	施工供电工程					
2	施工供水工程					
二	设备及安装工程					
1	发电设备及安装工程					
2	其他设备及安装工程					
三	建筑工程					
1	发电场工程					
2	总图					
3	辅助设施					
4	其他工程					
四	其他费用					
1	项目建设用地费					
2	项目建设管理费					
3	生产准备费					
4	勘察设计费					
5	其他税费					
	一至四部分投资合计					
五	基本预备费					
	工程静态投资（一至五）部分合计					
六	价差预备费					

续表

学习笔记栏

编号	工程或费用名称	设置购置费/万元	建安工程费/万元	其他费用/万元	合计/万元	占总投资比例/%
	建设投资					
七	建设期利息					
八	工程总投资（一至七）部分合计					
	单位千瓦的静态投资（元/kW）					
	单位千瓦的动态投资（元/kW）					

2. 成本控制的措施和方法

成本控制的措施和方法是指在成本控制管理中采取的具体措施和方法，以达到控制成本的目的。具体内容包括：

成本控制的措施和方法
设定预算日标和控制指标：根据成本预算计划，制定合理的预算目标和控制指标，对成本进行严格控制
优化工程方案和管理流程：通过优化工程方案和管理流程，降低建设成本，提高工程效率
采用节能环保技术和材料：采用节能环保技术和材料，降低能耗和污染，减少后期维护成本
加强供应链管理：通过加强供应链管理，优化供应商和物流配送，降低材料和设备采购成本
引进现代化管理手段和技术：引进现代化管理手段和技术，提高工程管理水平，降低管理成本

3. 成本控制的报告和分析

成本控制的报告和分析是指对成本控制过程进行定期报告和分析，及时发现问题并采取措施。

成本控制的报告和分析
编制成本控制报告：根据成本监控和分析结果，编制成本控制报告，反映当前工程成本状况和成本控制情况
成本控制分析：对成本控制报告进行分析，找出成本增长的原因和问题所在，采取相应的措施进行调整和改进
成本控制决策：根据成本控制报告和分析结果，制定具体的成本控制决策，包括调整项目计划、优化资源配置、减少不必要的费用支出等，以控制工程成本，确保项目的经济效益

成本控制报告和分析应该定期进行，以便及时发现问题并采取措施。同时，应该对成本控制过程进行评估，以确定是否需要对成本控制计划进行调整和改进，以提高工程的成本控制水平。

施工阶段工程投资控制流程如图 3-7 所示。

学习笔记栏

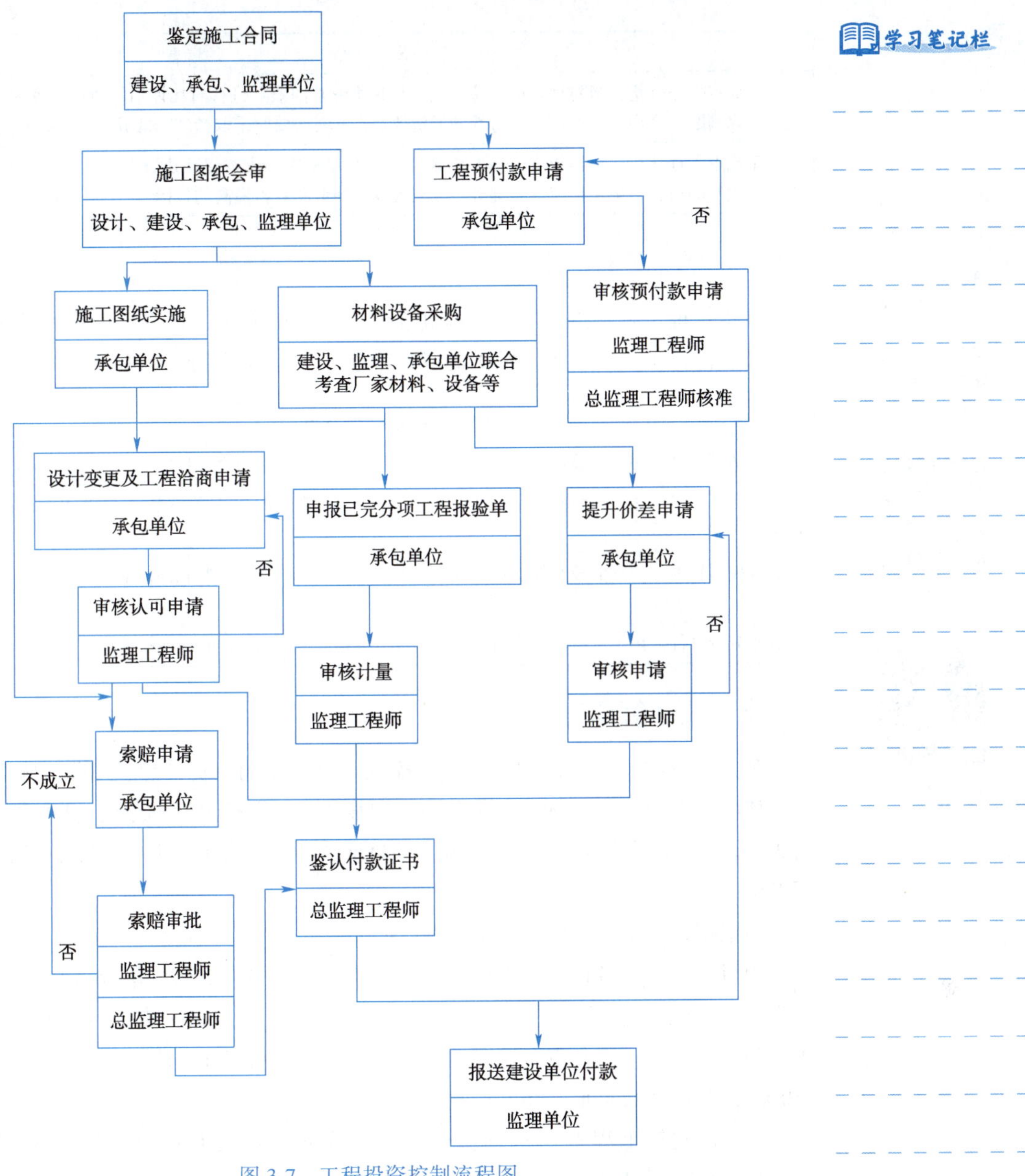

图 3-7　工程投资控制流程图

3.2.4　成本分析

成本分析是指对项目或产品的成本进行系统化的分析和评估，以识别出潜在的成本降低机会，并提供基础数据和信息来支持决策制定。成本分析的方法和技巧包括但不限于以下几点：

成本分析
确定分析目标：在进行成本分析前，需要明确分析的目的和目标，例如评估某一阶段的成本变化、比较不同项目或产品的成本等

学习笔记栏

续表

成本分析
进行成本效益分析：指对项目或产品的成本与其所带来的效益进行对比评估。通过计算成本效益比，可以判断一个项目或产品的可行性和经济效益，并在必要时采取措施降低成本或提高效益
制定成本管理建议：根据成本分析的结果，可以制定相应的成本管理建议，例如提高生产效率、采用更优质的材料、优化供应链管理等，以实现成本降低和效益提高的目标

讨论：
分析项目的成本控制策略和措施，并给出建议或改进方案。

3.2.5 成本管理工具

成本管理工具是指在成本管理过程中用于辅助分析、计算、记录和控制成本的各种软件、工具和技术。常用的成本管理工具包括但不限于以下几种：

常见成本管理工具
成本估算软件：用于计算项目或产品的成本估算，常用的成本估算软件包括 Excel、Project 等
成本预算软件：用于编制项目或产品的成本预算，常用的成本预算软件包括 Primavera、MS Project 等
成本控制软件：用于监控和控制项目或产品的成本，常用的成本控制软件包括 Primavera、MS Project 等
成本分析软件：用于进行成本分析，常用的成本分析软件包括 Excel、SPSS 等

思考答案

成本管理案例研究

3.2.6 成本管理案例研究

某光伏电站项目采用 EPC 总承包模式，由 A 公司负责设计、采购、施工和调试。该项目总容量为50 MW，位于山东省某地，总投资为2.5亿元，其中系统投资为2.1亿元，非技术成本为0.4亿元。项目计划于2023年6月开工，2023年12月并网发电。

请根据以下信息，回答以下问题：

项目的主要设备包括：组件（单晶硅组件，效率为20%，单价为1.5元/W），逆变器（中央式逆变器，效率为98%，单价为0.2元/W），支架（钢结构支架，单价为0.3元/W），电缆（铜芯电缆，单价为0.1元/W），升压变电站（50 MW，110 kV，单价为0.4元/W）等。

项目的建筑工程费用包括：土石方工程（单价为0.05元/W），房屋工程（单价为0.05元/W），交通工程（单价为0.02元/W）等。

项目的其他费用包括：工程前期费（占系统投资的3%），管理费（占系统投资的5%），监理费（占系统投资的2%），保险费（占系统投资的1%），验收费（占系统投资的1%），生产准备金（占系统投资的2%）等。

项目的运维成本为0.04元/（W·年），建设期利息率为6%，贷款比例为70%，贷款期限为15年，还款方式为等额本息。

项目的发电量按照等效利用小时数计算，预计为1 500 h/年，上网电价为0.4元/（kW·h），补贴电价为0.1元/（kW·h）。

问题：

①请计算项目的各项成本构成，并用表格或图形展示。

②请计算项目的平准化度电成本（LCOE）和内部收益率（IRR）。

学习笔记栏

小提示

项目的平准化度电成本（LCOE）和内部收益率（IRR）可以用以下公式计算：

- LCOE=（总投资+运维成本现值-残值现值）/（发电量现值）
- IRR=（发电收入现值-总投资-运维成本现值+残值现值）/（总投资+运维成本现值-残值现值）
- 其中，运维成本现值=$\sum$［运维成本/（1+利息率）^{n}］，n为年份，从1到25；
- 残值现值=残值/（1+利息率）^{25}，残值假设为总投资的10%；
- 发电量现值=$\sum$［发电量×发电价格/（1+利息率）^{n}］，n为年份，从1到25；
- 发电收入现值=$\sum$［发电量×（上网电价+补贴电价）/（1+利息率）^{n}］，n为年份，从1到25；
- 利息率假设为建设期利息率6%。

3.3 控进度

进度管理是指在光伏电站建设过程中，为了保证项目按照预定计划按时完成，对项目的工期进行有效的控制和管理。进度管理应当结合工程量清单、施工方案、物资清单、设备清单等进行，科学合理地制定出详细的工程进度计划，确保项目的顺利进行。

3.3.1 工程项目进度管理概述

1. 工程项目进度管理的定义

进度管理分如下几个阶段：

①对工程项目的总体目标进行分解，配合工程的边界条件、施工难度进行综合分析，确定工程实施过程的关键节点和风险控制点，并制定详细的项目实施计划，并配以人、机、材的配备计划以及关键风险点的预控方案。

②在项目具体实施的过程中，按照制定好的总体计划进行节点控制以及进度监控，分析实际进度与计划的偏差情况，分析进度偏差的原因并制定进度纠偏的措施。

③针对进度偏差进行纠偏，并对总体计划进行实际调整，下面的工程按调整后的进度计划进行跟踪落实。

2. 建设项目实施阶段进度管理的意义

加强项目进度管理，对实现施工目标起着至关重要的作用。

针对施工过程中不确定因素的监控，是避免施工进度过程中不利影响的关

学习笔记栏

键，从而使施工成本的降到最小，资源消耗降到最低，促进和提高工程经济收益，创造经济价值。

3. 建设项目实施阶段进度管理的要求

①动态管理要求。工程实施的过程会受到不同因素的制约与影响，一个影响因素消除后，在下一阶段可能有新的影响因素产生。

②系统管理要求。工程实施是一个系统的工程，总体目标的实现需要以工序、分部工作的实现为前提，而且实施过程中需要设计、施工、物资、监测、检测、验收等工作前后衔接。

③循环管理要求。在工程实施过程中，当遇到一个进度偏差点时，通过偏差分析和纠偏工作，将偏差影响消除，下一步遇到另一个进度偏差点，仍然需要尽心对比分析和纠偏等工作。

④弹性管理要求。工程项目的总体计划一般持续时间长，受影响因素也多，在制定实施计划时计划编制人员根据编制时工程周边条件以及自身经验进行的分析与预测。

⑤综合平衡要求。把需求与供给相结合，根据上层实施计划的安排和需要，与施工现场的实际状况相结合，统筹兼顾、综合调配、统一安排，做到整个项目的施工任务与人员、机械、材料、资金等的平衡。

⑥确保关键节点照顾一般工序。

⑦服从总体安排，完成接口施工。

3.3.2 工程项目进度管理的基本内容

1. 制定工程项目进度计划

①确定工作内容，即完成项目可交付成果，所实施的项目活动。

②确定工序间逻辑关系。

③估算活动资源，即完成规定时间内某项工作所需要的人、材、机等资源种类与数量。

④估算每项工序完成所需要的工作时间，以此来编制项目工程进度计划。

在上述工作完成后，综合考虑各项工作顺序、单位工作时间、单位资源配置、逻辑关系搭接、时间限制、编制项目进度计划，形成最终文档资料。

2. 项目进度计划控制

进行计划控制主要是应用进度控制方法，针对项目实施过程中的进度情况，进行实时监控，调整的循环过程。

制定科学、高效的工程进度计划的目的是在项目进度管理工程中提供客观的决策基础数据，由于项目管理是个动态的管理工程，在工程进度管理过程中，还可能会遇到一些计划外的各种问题。

在项目工程实施过程中，需要综合考虑项目工程外界条件等风险因素变化，即时发现问题、解决问题，避免实际进度与计划进度偏差过大，导致影响整个工程进度。

学习笔记栏

3.3.3 工程进度控制的常用方法

工程进度控制是在工程进度计划拟定完成后，在具体工程实施进程中，对项目进度开展情况的反复检查纠偏，对比分析的过程，以确保工程在既定工期内顺利完成。

1. 工程进度计划控制依据

工程进度计划控制依据是指在制定项目进度计划时，根据项目的特点和要求，综合考虑各种因素制定出合理可行的项目进度计划，成为后续工程进度控制的基础和依据。因此，正确有效的工程进度计划编制是工程进度控制的基础和关键，它直接影响工程的进度和质量。在实施工程进度控制的过程中，需要根据进度计划和实际施工情况，对比分析实际进度和计划进度之间的差距，及时发现问题并采取措施进行调整，从而保证项目按照计划进度顺利进行。

2. 横道图控制工程进度

每个月的工程进度报表实际上反映的是工程当月实际发生的工程进度与计划进度的关系，当实际与计划进度关系不平衡时，应当对其进行详细的原因分析，并结合施工现场记录，各分项工程所控制的施工进度和实际完成情况，进行系统全面的评价。

3. 网络图控制工程进度

在每项工程完工的时候，进度控制管理人员在网络图上用不同的颜色标记实际的开工、完工时间，用来与原施工进度计划进行比对。分为以下四种情形：

①关键路径上某作业施工时间比原计划时间长，会导致整个工程拖后，针对这种情况，需要对关键线路上后序作业采取必要的措施，如加快施工进度、增加施工人力物力的投入，缩短施工时间。

②关键路径上某作业施工时间比原计划时间短，原则上对缩短工期有利，但应考虑工程实际，是否会影响工程质量、施工安全等。

③非关键路径上某作业施工时间比原计划时间长，如果不影响关键线路，可以根据工程时间情况进行调整。

④非关键线路上某作业施工时间比原计划时间短，不会影响整个网络计划工期，结合工程实际情况，把非关键线路的施工作业中过剩的施工力量分配到关键线路上，加快施工进度，缩短项目工期。

4. 利用费用控制指标监测项目进度执行情况

赢得值进度偏差分析法是一种将工程项目进度控制与项目成本费用管理结合起来的一种有效的进度纠偏方法。

该方法具有三个基本参数，即已完作业预算费用、计划作业预算费用、已完作业实际费用；具有四个评价指标，即费用偏差、进度偏差、费用绩效指数、进度绩效指数。

学习笔记栏

施工阶段工程进度控制流程如图 3-8 所示。

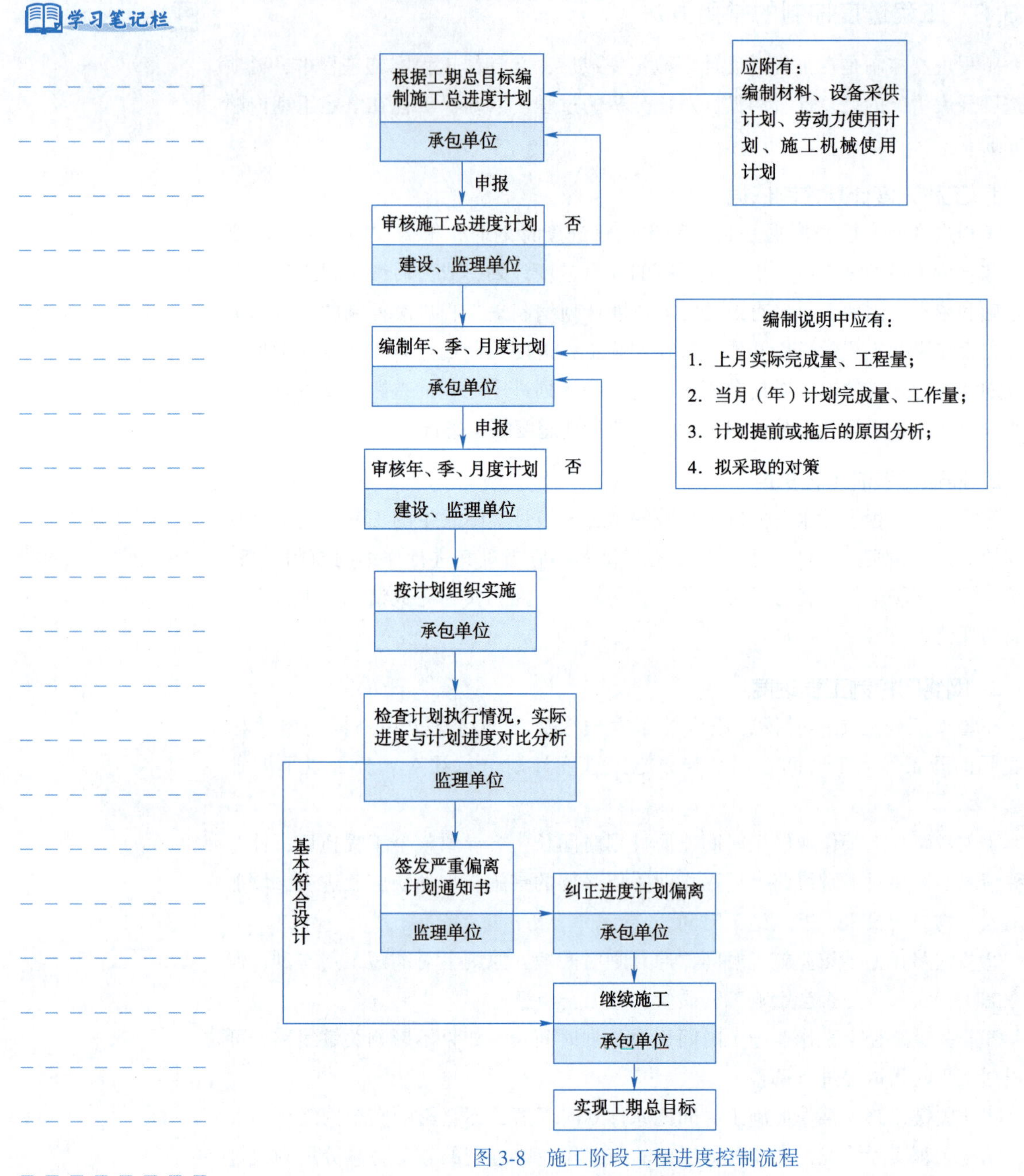

图 3-8 施工阶段工程进度控制流程

3.3.4 工程进度计划编制

1. 工程进度计划的分类

①按计划内容可以分为目标性时间计划与支持性资源进度计划。

②按计划时间长短分，有总进度计划与阶段性计划。

③按照表达方式分有文字说明计划与图表形式计划。

④按项目间关系分有总体进度计划与分项进度计划。

总体进度计划是针对施工项目全局性的部署，一般比较粗略；分项进度计划是针对项目中某一部分（子项目）或某一专业工程的进度计划，一般比较详细。

学习笔记栏

2. 工程进度计划编制依据与原则

工程进度计划的编制，应依据相关法律、法规、技术标准、技术规范、合同文书、原始数据等文件资料进行科学合理编制，主要依据如下：

①工程施工阶段设计图纸，包括设计说明书、施工图纸。

②工程有关概、预算资料，控制指标，劳动定额，施工机械台班定额及施工工期定额。

③合同中规定的施工总进度要求、施工组织设计报告。

④施工方案、施工布置、施工工艺。

⑤项目所在地区的自然环境、社会环境、技术和经济条件，包括气象、水文、地质、地形、地貌、对外交通、供水供电条件等。

⑥工程实施过程中所需要的资源供给情况，包含当地劳动力状况、机具设备购置能力、材料物资供应来源等因素。

⑦当地政府及建设主管部门对施工作业的要求，如环评水保、安全噪声等。

⑧项目所在国的工程施工技术标准、施工规范、安全、环境、水土保持等文件要求。

3. 编制工程进度计划的步骤

(1) 划分施工项目并列出工程项目表

在编制施工进度计划时，首先划分出各施工项目的细目，列出工程项目一览表。

(2) 计算工程量

①工程数量的计算单位，应与相应的定额或合同文件中的计量单位一致。

②除计算实物工程量外，还应包括大型临时设施的工程，如场地平整的面积、便道、便桥的长度等。

③结合施工组织要求，按已划分的施工段分层分段计算。

(3) 计算劳动量和机械台班数

劳动量是工程量与相应时间定额的乘积，其计算公式为 $P=QH$ 或 $P=Q/S$，其中，P 为劳动量（工日或台班）；Q 为工程量；S 为产量定额；H 为时间定额。劳动量一般可按企业施工定额进行计算，也可按现行的预算定额和劳动定额计算。当劳动量的计量单位为人工时是“工日”，为机械时是“台班”。

(4) 确定施工期限

施工期限根据合同工期确定，同时还要考虑工程特点、施工方法、施工管理水平、施工机械化程度及施工现场条件等因素。根据工作项目所需要的劳动量或机械台班数，及该工作项目每天安排的工人数或配备的机械台数，计算各工作项目持续时间。有时，根据施工组织要求，如组织流水施工时，也可采用倒排方式

学习笔记栏

安排进度，即先确定各工作项目持续时间，依次确定各工作项目所需要的工人数和机械台数。

（5）确定开竣工时间和相互搭接关系

①同一时期施工的项目不宜过多，避免人力、物力过于分散。

②尽量做到均衡施工，使劳动力、施工机械和主要材料的供应在整个工期范围内达到均衡。

③尽量提前建设可供工程施工使用的永久性工程，以节省临时工程费用。

④急需和关键的工程先施工，以保证工程项目如期交工。

⑤施工顺序必须与主要系统投入使用的先后次序吻合，安排好配套工程的施工时间，保证建成的工程迅速投入使用。

⑥注意季节对施工顺序的影响，使施工季节不导致工期拖延，不影响工程质量。

⑦安排一部分附属工程或零星项目做后备项目，调整主要项目的施工进度。

⑧注意主要工序和主要施工机械的连续施工。

（6）编制施工进度计划图

绘制施工进度计划图，首先选择施工进度计划表达形式，常用的有横道图和网络图。横道图比较简单直观，多年来广泛用于表达施工进度计划，是控制工程进度的主要依据。但由于横道图控制工程进度的局限性，随着计算机的广泛应用，更多采用网络图表示。全工地性的流水作业安排应以工程量大、工期长的工程为主导，组织若干条流水线。

（7）进度计划的检查和优化调整

①各工作项目的施工顺序、平行搭接和技术间歇是否合理。

②总工期是否满足合同规定。

③主要工序的工人数能否满足连续、均衡施工的要求。

④主要机具、材料等的利用是否均衡和充分。

4. 工程进度计划审核

审查项目总目标和所分解的子目标的内在联系是否合理，进度安排能否满足合同总工期的要求。

审核施工进度中的内容是否全面，是否能保证施工质量和安全需要。

施工程序和作业顺序是否正确合理。

各类资源供应计划是否能保证施工进度计划的实现，供应是否均衡。

各专业之间在施工时间和位置的安排上是否合理，有无干扰。

专业分工与计划的衔接是否正确、合理；对实施进度计划是否分析清楚，是否有相应的防范对策和应变预案；各项保证进度计划的措施设计得是否周到、可行、有效。

5. 横道图编制方法

横道图（见图3-9）又名甘特图，是以时间为坐标横轴，用横线表示施工工序的起点时间、终止时间以及先后逻辑顺序。

学习笔记栏

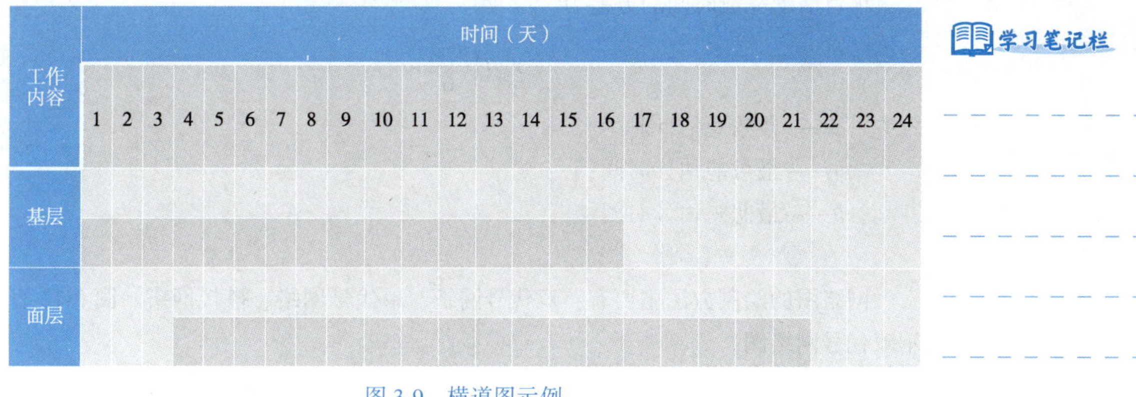

图 3-9 横道图示例

用多条横道线构成整个工程工期中计划工期与实际工期的完成情况，直观反映任务计划的开始时间、结束时间，以及计划进度与实际进度差异的比较情况。

6. 网络计划图编制方法

网络图由作业线、事件节点和路径三个组成因素构成，是用箭线和节点将某项工作的流程表示出来的图形。

（1）工作分解结构（WBS）

按照实际项目进度管理流程，首先将项目进度管理有关活动按照专业和事件内容进行 WBS 分解，分解成最基本的工作包，也可以理解成可交付成果，分解的原则必须满足时间先后顺序和逻辑关系，然后理清分解的基本工作包的逻辑关系（见图 3-10）。

事件代号	事件内容	紧前工作	紧后工作
A2	工程初步设计	23	24

图 3-10 工作分解结构

（2）时间参数的确定

时间参数表见图 3-11。

事件代号	最乐观估计时间	最可能估计时间	最悲观估计时间	期望完成时间	完成时间方差
A2	23	23	24	25	0.12

图 3-11 时间参数

项目活动的期望完成时间为

$$t=\frac{a+4m+b}{4}$$

项目活动完成时间的方差为

$$\sigma^2=\left(\frac{b-a}{6}\right)^2$$

式中　a——最乐观估计时间；

m——最可能估计时间；

b——最悲观估计时间。

（3）网络图的绘制

网络图的绘制方法主要有：双代号网络、单代号网络、搭接网络。图 3-12 表示双代号网络图。

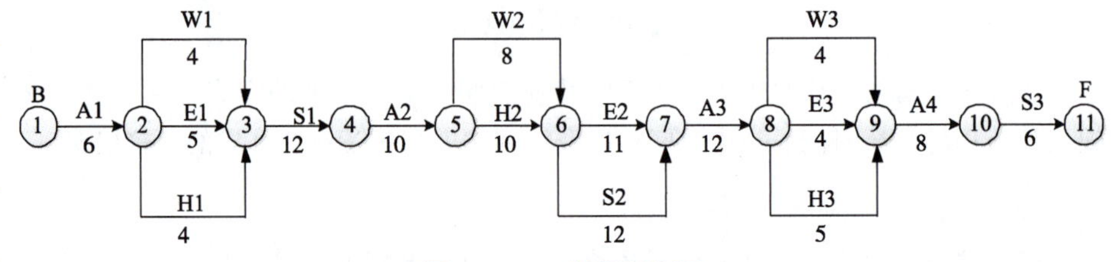

图 3-12　双代号网络图

若给出对应的网络图和时间参数计算结果，即可计算出图 3-12 的关键线路，不妨假设其关键线路为：A1—E1—S1—A2—H2—S2—A3—H3—A4—S3。

（4）基于网络图的计划进度优化

在工程计划管理中，可以通过工程进度网络计划优化，来提高项目实施的效率，节省投入的资源和提高项目实施单位的竞争力，这里网络优化一般包括三个方面，即工期优化、费用优化、资源优化。

3.3.5　进度管理案例研究

进度管理案例研究

某光伏电站项目位于甘肃省某地，总容量为 100 MW，总投资为 4 亿元，由 B 公司负责 EPC 总承包。该项目计划于 2023 年 6 月开工，2023 年 12 月并网发电。项目的主要设备包括：组件（多晶硅组件，效率为 18%，单价为 1.2 元/W），逆变器（串联式逆变器，效率为 97%，单价为 0.15 元/W），支架（钢结构支架，单价为 0.25 元/W），电缆（铜芯电缆，单价为 0.08 元/W），升压变电站（100 MW，110 kV，单价为 0.35 元/W）等。

项目的建筑工程费用包括：土石方工程（单价为 0.04 元/W），房屋工程（单价为 0.03 元/W），交通工程（单价为 0.01 元/W）等。

项目的其他费用包括：工程前期费（占系统投资的 2%），管理费（占系统投资的 4%），监理费（占系统投资的 1%），保险费（占系统投资的 0.5%），验收费（占系统投资的 0.5%），生产准备金（占系统投资的 1%）等。

项目的运维成本为 0.03 元/（W·年），建设期利息率为 5%，贷款比例为 60%，贷款期限为 10 年，还款方式为等额本息。

项目的发电量按照等效利用小时数计算，预计为 1 400 小时/年，上网电价为 0.35 元/（kW·h），补贴电价为 0.05 元/（kW·h）。

请根据以下信息，回答以下问题：

- 项目已于2023年6月10日开工建设，并于2023年7月10日完成土石方工程、房屋工程和交通工程。
- 项目已于2023年8月10日完成组件、逆变器、支架、电缆和升压变电站的采购，并于2023年9月10日完成组件、逆变器和支架的安装。
- 项目已于2023年10月10日完成电缆敷设和接线，并于2023年11月10日完成升压变电站的安装和调试。
- 项目已于2023年12月10日完成验收测试，并于2023年12月20日并网发电。

问题：

①请绘制项目的横道图，并用文字或者表格或图形展示。

②请分析项目的实际进度与计划进度之间的差异，并给出原因和影响。

③请分析项目的进度控制策略和措施，并给出建议或改进方案。

学习笔记栏

3.4 重质量

思考：光伏电站施工管理的质量管理应该遵循哪些原则和标准？如何制定和执行有效的质量管理方案？

思考答案

国家标准《光伏发电站施工规范》中，质量管理部分包括了质量控制、质量检查和质量验收等方面的内容。其中，质量控制涵盖了施工前的准备工作、施工过程中的质量控制和施工后的质量控制；质量检查包括施工前、施工中和施工后的质量检查；质量验收则包括施工前、施工中和施工后的质量验收。

3.4.1 设计质量控制要点

在可研阶段，质量控制要点包括：

①可行性研究报告必须符合行业标准和管理规定，比如《太阳能资源评估方法》（QX/T 89—2008）、《光伏发电工程可行性研究报告编制办法（试行）》（GD 003—2011）。

②可研中的主要技术方案、设备选型方案必须进行多方案的技术经济分析对比，推荐技术可靠、施工可行、成本最低的技术方案，比如光伏支架的结构形式、光伏组件、逆变器、变压器、集电线路的规划等对投资影响较大的方案。

③在可研编制过程中，各专业间的相互提资最容易出现信息不对称的情况。这就要求各设计人员要严格校审制度，提资资料要执行三级校审。

④工程设计概算的编制要完整，要准确反映设计内容，结合拟建工程的实际情况，反映工程所在地当时的价格水平。

⑤在可研设计出版前，以会议讨论的形式进行综合内部评审。

3.4.2 初步设计阶段质量控制

一般装机容量超过20 MW的大中型光伏电站项目，施工图设计前都要先做初步设计。光伏电站项目初步设计的目的是进一步论证分析可研阶段推荐的技术方

学习笔记栏

案、设备的选型方案，确定最终的技术方案和设备选型，为施工图设计打下坚实的基础。

1. 主要工作内容

初步设计阶段的主要工作内容是：

①编制初步设计总说明（章节类似于可研）。

②完成初步设计图纸，能反映各专业主要的技术方案、设备规格型号、建筑结构尺寸、设备基础类型、总图设计、电缆敷设路径、电气接入方案、二次保护、交直流电源等的图纸。相对于可研阶段，初步设计图纸更完善，对光伏发电工程各专业工程量体现得更精确。

③编制初步设计概算书。它能准确反映初步设计文件的内容，并能充分反映对项目建设期全部投资的预测和估计。

2. 质量控制要点

初步设计阶段的质量控制要点有：

①在初步设计开展前，先与业主方召开设计联络会，了解业主对初步设计深度及其他内容的设计要求。初步设计完成后，先进行公司内部的校审，并参与业主方组织的初步设计评审，并形成正式的图审会议纪要。

②设计概算，要求设计人员提供详细的设备清单、电缆敷设路径图、建筑和结构型式和施工技术要求等相关资料，以尽可能保证概算的精度，估算建设项目的投资规模，力求建设项目总投资完整、准确。

3.4.3 施工图设计阶段质量控制

施工图设计是已对批准的初步设计进行详细的深化设计、扩充设计，并进行设计细节的优化。这一阶段主要通过图纸、设计说明、材料清单等设计文件把设计者的意图和全部设计结果表达出来，以此作为整个光伏发电工程施工制作的依据。

1. 主要工作内容

在施工图设计阶段，主要的工作是：

①编制设备材料技术规范书，以满足设备材料的采购需求。

②按照施工图出图计划完成图纸设计。光伏系统设计主要包括光伏阵列的布置、发电系统接线图、设备选型、集电线路设计等，总平面布置图设计主要包括厂区的总平面布置、升压站及生活管理区布置、道路围栏等布置图，电气一次、二次设计主要包括电气主接线图、配电装置图、二次保护及调度通信图、无功补偿装置、站用电和直流电源系统、计算机监控系统、电缆敷设、防雷接地等相关电气设计图纸，土建设计主要包括光伏支架结构及基础、电气设备基础图、升压站及生活管理区的建筑结构设计等，暖通、给排水系统（含光伏组件冲洗水）、消防系统等辅助工程设计。

③设计交底。施工图设计文件总体介绍，设计的意图说明，特殊的要求，光伏工艺、电气接线、土建结构、设备安装等各专业在施工中的难点、疑点和容易

发生的问题说明，针对施工单位、监理单位、建设单位等对设计图纸的疑问，做出相应的解释等。

④设计工代、设计变更、电力质检、并网验收配合等技术支持工作。

学习笔记栏

2. 质量控制要点

质量控制的基本原则是：按照高标准、规范化的要求进行光伏电站的工程设计，各部分设计要遵照常规电站建设的要求，将可靠性放在第一位。在工程设计中，要选择成熟、有把握的技术和设备，提倡设计的创新和优化，积极响应新技术、新工艺、新设备、新材料、新产品的应用。

质量控制的措施是：严格执行公司质量管理体系文件，规范设计程序和设计作业；做好各专业接口管理，确保设计输入资料准确无误；加强专业和综合的阶段成品评审，按照评审意见做好设计修改；保障工程组人员的稳定性，设总和主设人要保证是专职的。所有的工作要符合电力质检的要求，要求设计人员必须熟悉光伏发电工程电力质检大纲。对于电力质检比较关心的电网接入相关系统配置、调度通讯配置、土建基础强度等问题，相关工作人员要重点把控。在此，要特别注意，与电网接入系统相关的设备规格型号必须与接入系统设计批复意见一致。

光伏项目的施工图设计质量通病有以下几点：

①不按比例画图。对于土建的支架安装详图、建筑大样图，不按比例画图容易让施工人员混淆，引发施工质量问题。

②标注不全。在工作过程中，不标注材质或标注不全，比如Q235，不注A，B，水泥不注等级，电缆穿管规格型号标注不全等。

③电缆、保护管或桥架的选用规格种类太多，未考虑设计规格的统一性。

④汇流箱或逆变器的位置不合理，导致电缆材料的浪费。

⑤在设计支架时，未考虑场地实际情况，比如地势高低不平会导致同一组光伏支架立管长度不一样等。

光伏电站具有施工周期短、工期安排紧的特点，因此，在施工图设计阶段，不仅要做好质量控制，还要做好进度控制。在实际工作中，要根据施工进度计划安排图纸出图计划，创造条件满足业主要求，提前提供特定部分图纸。同时，要根据工程进展情况，分阶段、分版本提供施工图，以满足施工进度的要求。

在设计交底前，各专业主设人提前梳理好需要交底的内容，注意重点强调强条文件的执行、标准规范的落实、质量通病的规避、图纸的容易忽视的问题。设计交底完成后，要形成正式交底记录，相关人员要签字，然后归档。

光伏发电工程各设计阶段的任务不同，质量控制要点也不一样，但是，设计质量控制的总体目标是不变的，都是以符合工程建设强制性标准、合同约定的质量要求为原则，在安全可靠、经济适用、符合国情的光伏电力建设方针前提下来实现质量控制目标。

在实际工作中，设计过程的质量控制需要项目组各专业设计人员的共同努力，通过不断学习、总结借鉴类似光伏发电工程的设计经验，找出各设计阶段的

学习笔记栏

质量控制要点，将设计质量问题消除在萌芽阶段。

施工阶段工程质量控制流程见图3-13。

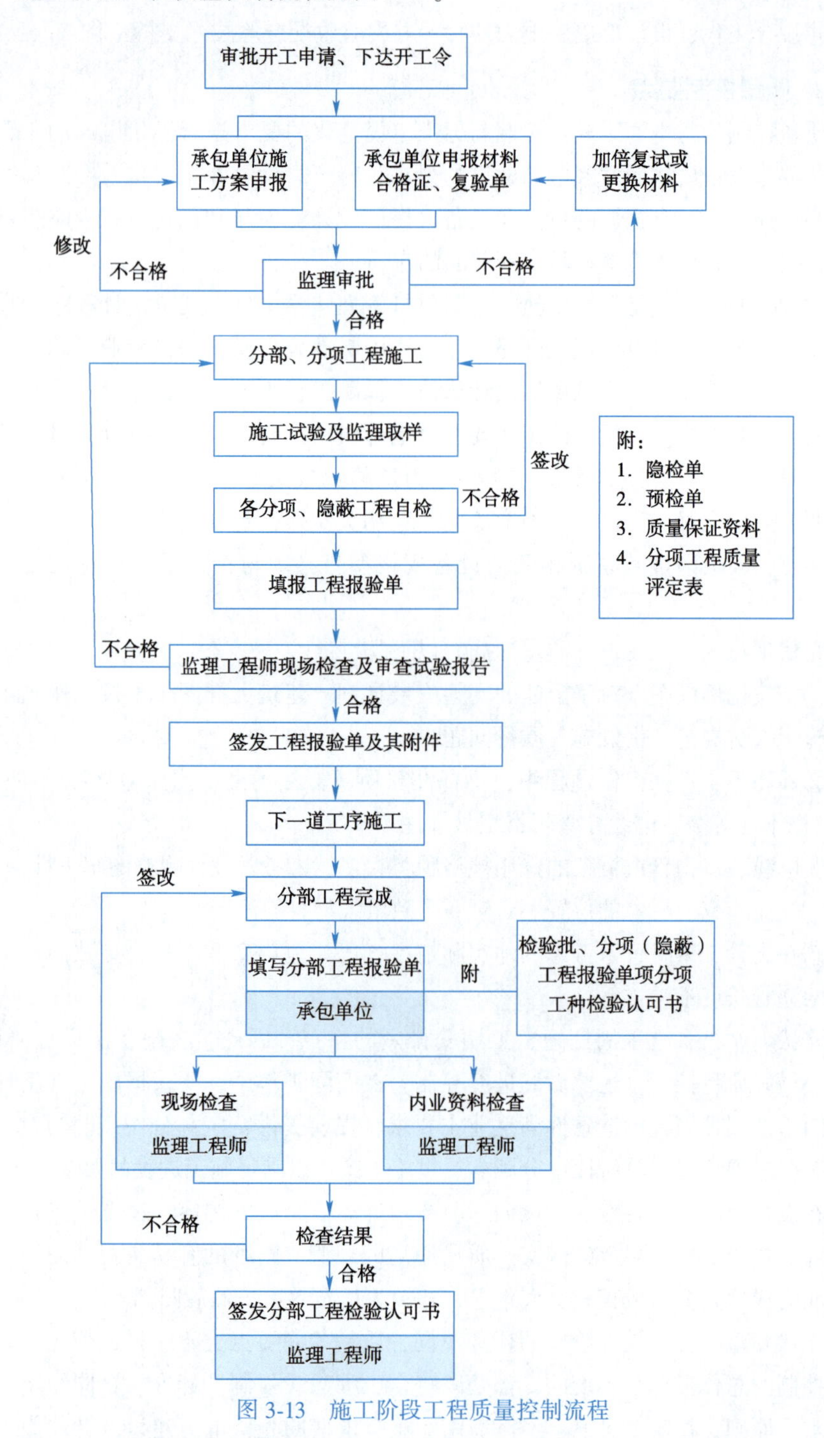

图3-13 施工阶段工程质量控制流程

3.4.4 质量检查

质量检查是指对施工过程中发现的问题进行检查、发现、纠正和预防的过程。质量检查应按照计划和程序进行，对检查结果进行记录和报告，并及时采取措施纠正和防范质量问题。

质量检查应包括以下方面的内容：

质量检查
施工前质量检查：对施工前的基础、材料、工艺等进行检查，确保施工前的准备工作符合规范和质量要求
施工中质量检查：对施工过程中的关键环节、关键工序进行检查，发现和解决问题，及时纠正质量问题
施工后质量检查：对已完成的施工工作进行全面检查，确保工程质量符合规范和合同要求
非计划质量检查：在施工过程中，对突发性的质量问题进行检查，并及时采取措施纠正和防范质量问题

学习笔记栏

3.4.5 质量验收

质量验收是指对施工项目完成后的成果进行检查和确认，根据太阳能电站工程建设竣工验收必备条件（见表3-2），确定是否符合规范和合同要求的过程。质量验收应按照计划和程序进行，对验收结果进行记录和报告，并及时采取措施处理不合格项目。

质量验收应包括以下方面的内容：

思考：光伏电站施工管理的安全管理应该遵循哪些原则和标准？如何制定和执行有效的安全管理方案？

思考答案

质量验收
施工前质量验收：对施工前的基础、材料、工艺等进行验收，确保施工前的准备工作符合规范和质量要求
施工中质量验收：对施工过程中的关键环节、关键工序进行验收，发现和解决问题，及时纠正质量问题
施工后质量验收：对已完成的施工工作进行全面验收，确保工程质量符合规范和合同要求
监理单位的质量验收：由监理单位对施工完成后的工程进行质量验收，确保工程符合规范和合同要求
竣工验收：由业主或业主代表对工程进行验收，确认工程质量和完工质量符合规范和合同要求，方可交付使用

表3-2 太阳能电站工程建设竣工验收必备条件

序号	必备条件	备注
1	国家主管部门核准工程建设、生产许可的批复文件齐备	
2	受检太阳能电站建设工程已全部完工并验收合格，包括该项目的生产系统、公用系统、办公区、厂区等	
3	受检项目发电设备及输变电设备已全部完成启动调试和性能试验，主要经济技术指标符合设计要求	
4	工程项目安全设施的安全预评价、验收评价和环保项目评价工作完成，取得相应报告，符合国家“三同时”要求	

学习笔记栏

续表

序号	必备条件	备注
5	消防设施通过当地相关主管部门的验收，取得合格批复文件	
6	生产准备工作按计划完成，企业安全生产保证体系、监督体系建立，相应基本的规章制度、运行检修规程制定完毕	
7	完成所在电网要求的并网安全性评价工作，取得评价报告	
8	签订并网调度协议和上网电价协议	

3.5 保安全

安全管理是指在光伏电站建设过程中，通过采取一系列的管理措施和方法，保障施工过程中的人身安全和财产安全。安全管理应当结合施工组织设计、施工管理、质量管理等进行，采用科学的管理手段和控制措施，确保项目的顺利进行。

3.5.1 安全计划编制

安全计划编制是指在项目开始前，通过对施工过程中存在的安全风险进行分析和研究，科学合理地制定出详细的安全计划。安全计划应当综合考虑工程质量、进度和人员安全等方面因素，确保项目按照预定计划按时完成。

安全计划编制应包含的内容主要有：

安全计划编制
安全计划的制定：制定安全计划是在项目开始前，通过对施工过程中存在的安全风险进行分析和研究，制定出详细的安全计划。安全计划的制定需要综合考虑工程质量、进度和人员安全等方面因素，以确保项目按照预定计划按时完成
安全计划的审核和批准：安全计划的审核和批准是指对制定出的安全计划进行专业的审核和审批，以确保安全计划的合理性和可行性。审核和批准的目的是确保计划能够在实施过程中达到预期的效果，从而保障工程进度和安全
安全计划的调整和控制：安全计划的调整和控制是指在施工过程中，根据实际情况对安全计划进行调整和控制，以适应施工现场的实际情况。调整和控制需要采用科学的管理手段和控制措施，确保项目的顺利进行，并最终实现工程的安全、高质量完成

3.5.2 安全控制管理

安全控制管理是指在光伏电站建设过程中，通过对施工过程中存在的安全风险进行监控和控制，确保工程过程中的人身安全和财产安全。安全控制应当结合施工组织设计、施工管理、质量管理等进行，采用科学的管理手段和控制措施，确保项目的顺利进行。

具体而言，安全控制管理应包含以下三个方面：

安全控制管理
安全监控和分析：在施工过程中，应对可能产生的安全风险进行全面监控和分析。这包括对施工现场环境、人员、设备、材料等各个方面进行细致的检查和评估，以及对安全事故的前期预警和及时反应
安全控制的措施和方法：通过制定合理的安全控制措施和方法，来控制和减少安全风险。这包括对施工现场进行安全布置，制定安全作业规程，实施安全防护措施等，以确保在施工过程中人身安全和财产安全
安全控制的报告和分析：对安全控制的实施情况进行定期汇报和分析，发现问题及时进行调整和改进。同时，对安全事故进行全面的调查和分析，总结经验教训，以提高安全控制水平和减少安全风险

具体施工阶段安全监理控制流程见图3-14。

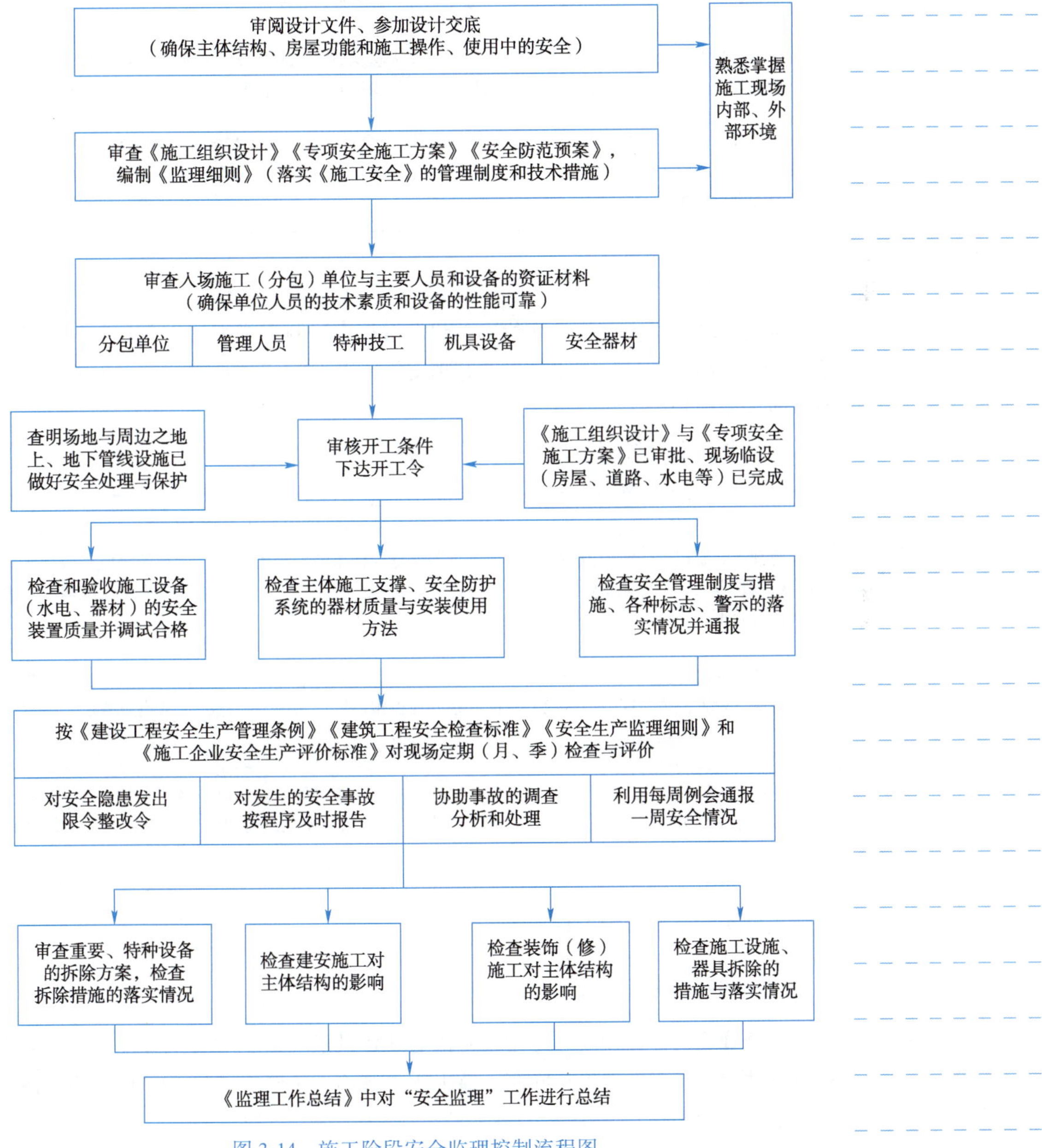

图3-14 施工阶段安全监理控制流程图

学习笔记栏

3.5.3 安全培训和教育

安全培训和教育是指对光伏电站工程施工中相关人员进行安全知识和技能的培训和教育，提高工作人员的安全意识和技能水平，从而减少工程事故的发生。安全培训和教育应该是全面、系统、科学、实用的。以下是该内容包含的主要方面：

安全培训和教育
安全知识和技能培训：培训工作应该以实际工作为基础，根据工作岗位的不同，对不同岗位的工作人员进行相应的安全知识和技能培训。安全知识包括但不限于安全生产法律法规、安全操作规程、应急处理程序等；安全技能包括但不限于操作规程、安全检查等
安全意识教育：通过对安全意识的教育，使工作人员深刻认识到安全生产的重要性，增强安全意识，树立安全第一的思想。同时，应当引导工作人员积极参与安全管理，推动落实安全责任
安全培训的考核和评估：为了确保安全培训和教育的有效性，应该对培训效果进行考核和评估，以便及时发现问题并采取措施进行改进。常用的考核方法包括测试、模拟演练等，评估主要包括考核成果的分析、统计、总结等

3.5.4 应急预案和演练

应急预案和演练是指在光伏电站建设过程中，制定详细的应急预案和演练方案，为突发事件的处理提供技术和管理支持，确保施工过程中能够及时有效地处理各种应急情况。

应急预案和演练应包含的内容主要有：

应急预案和演练
应急预案的制定：制定一份完备的应急预案是保障光伏电站安全的前提。应急预案应当包括应急响应机制、责任分工、应急资源的准备、应急处置流程、预警信号、应急通信等内容。同时，应急预案还应当不断地进行更新和完善，以适应实际情况的变化
应急预案的演练：对制定的应急预案进行演练，可以检验应急预案的可行性和有效性，以及相关人员的应急处置能力。应急演练应当全面、系统地模拟实际灾害事故情况，包括应急响应、事故救援和恢复重建等全过程
应急预案的调整和完善：通过实际的应急演练，应急预案可能会暴露出一些不足和缺陷，需要及时进行调整和完善。同时，应急预案也应当根据实际情况的变化进行更新，以保证其适应性和针对性

工程安全事故处理流程如图 3-15 所示。

3.5.5 安全管理的评估和改进

安全管理的评估和改进是指在光伏电站建设过程中，对安全管理的实施效果进行评估和分析，从而发现问题，提出改进措施，不断完善安全管理体系，确保施工过程中的安全。

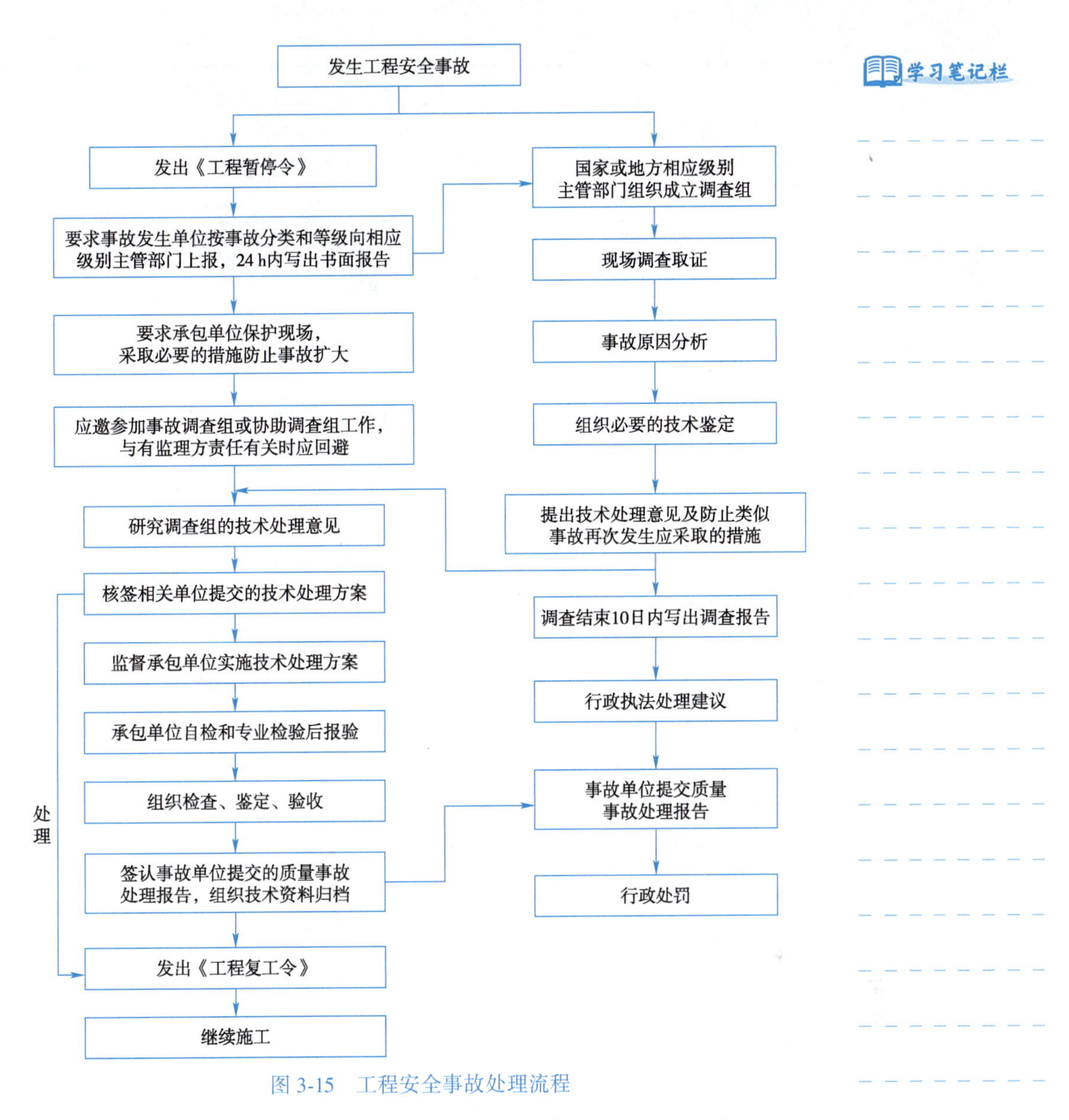

图 3-15 工程安全事故处理流程

安全管理的评估和改进是指对光伏电站安全管理工作进行定期评估，发现存在的问题和不足，制定改进计划和措施，促进安全管理工作的不断完善和提升。主要包含以下内容：

应急预案和演练
安全管理的评估和分析：制定一份完备的应急预案是保障光伏电站安全的前提。应急预案应当包括应急响应机制、责任分工、应急资源的准备、应急处置流程、预警信号、应急通信等内容。同时，应急预案还应当不断地进行更新和完善，以适应实际情况的变化
安全管理的改进和完善：对制定的应急预案进行演练，可以检验应急预案的可行性和有效性，以及相关人员的应急处置能力。应急演练应当全面、系统地模拟实际灾害事故情况，包括应急响应、事故救援和恢复重建等全过程

续表

应急预案和演练
安全管理的持续改进和监督：通过实际的应急演练，应急预案可能会暴露出一些不足和缺陷，需要及时进行调整和完善。同时，应急预案也应当根据实际情况的变化进行更新，以保证其适应性和针对性

习题答案

习　　题

一、判断题

1. 光伏电站施工过程中必须遵守的强制性条文和执行措施应在开工前制定，并按照报审表进行审批。（　　）

2. 光伏电站开发建设管理办法规定，光伏电站项目应当按照国家有关规定进行核准或者备案。（　　）

3. 光伏电站施工管理中，施工单位应当按照设计文件和施工规范要求进行施工，并对施工质量负责。（　　）

4. 光伏电站施工现场应执行“四不落地”、“四不见”、“四不乱”的规定，即不落地、不见垃圾、不见杂物、不见废料；不乱堆、不乱放、不乱接、不乱拉；不乱穿、不乱走、不乱停、不乱动。（　　）

5. 光伏电站施工现场的消防器材、消防设施、消防知识等应在开工前或定期进行检查、培训和模拟演练。（　　）

二、选择题

1. 光伏电站施工管理制度包括（　　）。

A. 施工组织设计　　B. 施工强制性条文执行计划

C. 管理制度　　D. 安全文明施工实施细则

E. 所有以上选项

2. 光伏电站施工进度计划应根据（　　）和（　　）制定，并确定各阶段的施工任务、时间和资源。

A. 合同要求，施工条件　　B. 施工方案，质量标准

C. 设计图纸，技术规范　　D. 工程特点，施工条件

3. 光伏电站施工成本管理的目的是（　　）。

A. 提高利润，降低风险　　B. 控制成本，提高效益

C. 节约资源，保护环境　　D. 规范操作，保证质量

4. 光伏电站施工质量管理的依据是（　　）。

A. 合同文件，设计图纸　　B. 技术规范，质量标准

C. 施工方案，检验评定划分　　D. 所有以上选项

5. 光伏电站施工安全管理的原则是（　　）。

A. 预防为主，综合治理　　B. 安全第一，预防为主

C. 安全优先，预防并重　　D. 安全责任，预防重于治理

学习笔记栏

光伏电站土建及结构施工

学习导航

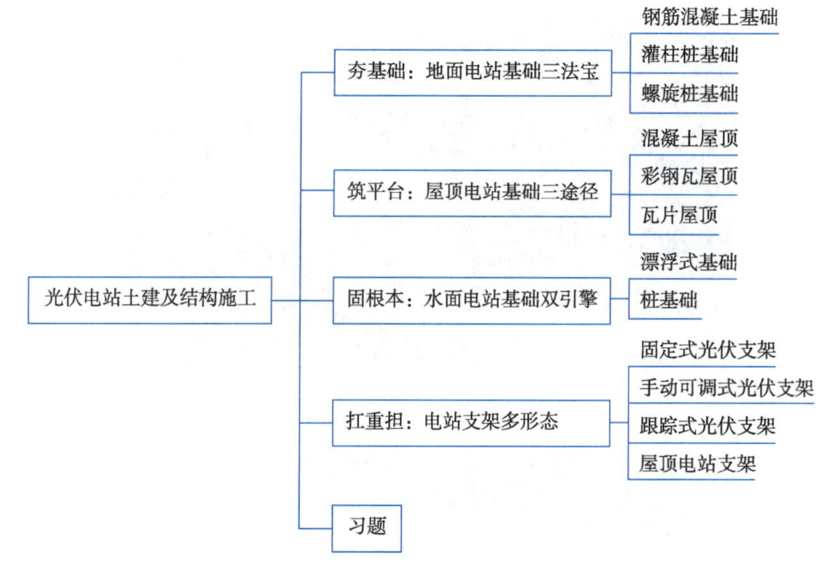

引　言

光伏发电施工主要划分为土建与电气部分。对于钢结构安装，在工程中也往往划分在土建部分。本章主要介绍了土建及结构部分施工要求及施工工序，分别从地面电站、水面电站、屋顶电站的不同基础及结构形式展开讨论，有助于学生更好地理解不同类型的光伏电站的土建及结构施工过程。

学习目标

1. 了解光伏电站主要的应用场景。
2. 掌握地面光伏电站、水面光伏电站、屋顶光伏电站的基础施工。
3. 掌握光伏电站固定支架、手动可调支架、跟踪式光伏支架的特点。
4. 掌握光伏电站基础及结构的新的技术方向。
5. 引导学生明白牢固基础的重要性。
6. 了解光伏电站土建及结构岗位的职责与要求。

学习笔记栏

4.1　夯基础：地面电站基础三法宝

地面光伏电站基础有多种形式，主要取决于岩土和地形条件、坡度、地下水和腐蚀性等因素。常见的基础形式有钢筋混凝土基础、灌注桩基础、螺旋桩基础等。

4.1.1　钢筋混凝土基础

钢筋混凝土基础有独立式基础、条形基础。条形基础（见图 4-1）是一种常见的地基基础形式，它是在基槽内铺设钢筋网片，然后浇筑混凝土，形成一条带状的基础，用来承受墙体或柱子的荷载。

图 4-1　条形基础

优点

- 土方开挖量小。
- 施工工艺简单。

缺点

- 需要大面积的场平，对环境影响较大。
- 混凝土需求量大。
- 养护周期长，所需人工多。

适用场景

- 主要适用于地基承载力较差，较为平坦的场地，地下水位较低地区，对不均匀沉降要求较高的光伏支架中。

1. 施工要求

①基槽开挖后，应清理表层浮土和松动土，不得积水，立即进行垫层混凝土施工，必须振捣密实，表面平整。

②垫层混凝土强度等级不应低于 C15。

③钢筋混凝土条形基础的主筋沿墙体横向放置在基础底面，直径一般为 $\phi8$~

学习笔记栏

$\phi16$，分布筋沿纵向布置。

④钢筋混凝土条形基础的保护层厚度为3.5 cm（有垫层时）或7 cm（无垫层时）。

⑤钢筋混凝土条形基础的混凝土强度等级不应低于C20。

⑥钢筋连接可采用机械连接和焊接，并应符合现行国家标准《混凝土结构工程施工质量验收规范》GB 50204—2015的要求。

2. 施工工序

①基础模板一般由侧板、斜撑、平撑组成。基础模板安装时，先在基槽底弹出基础边线，再把侧板对准边线垂直竖立，校正调平无误后，用斜撑和平撑钉牢。

②条形基础混凝土浇筑宜分段分层连续进行，一般不留施工缝。

③当条形基础长度较长时，应考虑在适当部位留设贯通后浇带。

④基础浇筑完毕，表面应覆盖和洒水养护，不少于14天，必要时应采取保温养护措施，并防止浸泡地基。

⑤基础梁底模使用土模（回填夯实拍平），浇筑混凝土垫层，侧模使用砖胎模。基础梁穿柱钢筋暗柱、梁节点核心区配筋。

⑥基础梁混凝土浇筑时，沿着建筑物的纵向进行。采用分层浇灌分层振捣浇筑方法。

4.1.2 灌注桩基础

光伏灌注桩基础（见图4-2）利用钻机在地面上钻出一定直径和深度的孔，然后在孔内浇筑混凝土，形成一根柱状的基础，用来支撑光伏支架系统。

图4-2 灌注桩基础

优点

- 能有效提高桩基础的承载力和稳定性。
- 施工速度快，施工噪声小，施工过程中不会产生大量的泥浆和废土，减少了对环境的污染。
- 桩孔直径和深度可以根据设计要求和现场情况灵活调整，能满足不同规模和类型的光伏支架系统的需求。
- 桩基础与支架连接部位简单，可采用螺栓或焊接等方式，节省了材料和人工成本。

学习笔记栏

缺点

- 需要使用专业的钻机设备，对施工人员的技术要求较高，施工质量难以保证。
- 钻孔过程中容易受到地下障碍物或岩石的影响，导致钻孔偏斜或中断，影响桩基础的质量和安全性。
- 浇筑混凝土时需要使用泵车或导管等设备，增加了施工难度和成本。
- 浇筑混凝土后需要进行养护，防止水分蒸发或冻裂，延长了施工周期。

适用场景

- 适用于地基承载力较差，地形复杂场地的桩基础形式。

1. 施工要求

①施工前应进行测量放线，确定桩位和桩号，并做好标记。

②施工前应检查机具设备的完好性和安全性，包括钻机、泵车、混凝土搅拌车等。

③钻机就位后应调平对中，要求转盘中心同定位点在同一铅垂线上。

④钻进过程中应经常检查，如稍有倾斜或位移，应及时纠正，使成孔符合设计要求。

⑤钻孔完成后应及时清理孔内的泥浆和杂物，保证孔内干净。

⑥浇筑混凝土前应检查混凝土的质量和坍落度，保证混凝土符合设计强度和流动性。

⑦浇筑混凝土时应采用自由落体法或导管法，避免混凝土分层或空鼓。

⑧浇筑混凝土时应控制好桩顶高度和平整度，保证桩顶与支架连接部位的尺寸和位置。

⑨浇筑混凝土后应及时进行养护，防止水分蒸发或冻裂。

2. 施工工序

①浇筑混凝土垫层：先用卷尺测量桩基深度，清除桩基内积水及杂物，用旋土工具将钻孔清理。

②安装预埋件：放置预埋件过程中应防止基坑边缘虚土塌落进桩基内；按照桩基图设计尺寸将预埋件插入土壤中，通过相邻两组支架对准6~8根桩基拉琴线，保证桩基在一条水平直线上；采用角度尺进行测量预埋件垂直度，选取预埋件的两个垂直相交侧面分别用角度尺进行控制，确保桩基垂直度不大于允许偏差。

③预埋件定位：采用角度尺进行测量预埋件垂直度，并通过相邻两组支架对准6~8根桩基拉琴线。

④浇筑混凝土：用C30混凝土浇筑桩基，采用两点一线原理控制浇筑高度。

⑤桩基成品检测和验收：检查桩基的尺寸、垂直度、平整度、强度等指标，符合设计要求后进行验收。

4.1.3 螺旋桩基础

学习笔记栏

螺旋桩基础（见图4-3）指在光伏支架的前后立柱下面采用带螺旋叶片的热镀锌钢管桩，旋转叶片可大可小、可连续可间断，旋转叶片与钢管之间采用连续焊接。施工过程中采用专业机械将其旋入土体中。

图4-3 螺旋桩基础

螺旋桩基础上部露出地面，与上部支架之间采用螺杆连接。通过钢管桩桩侧与土壤之间的侧摩阻力，尤其是旋转叶片与土体之间的咬合力抵挡上拔力及承受垂直载荷，利用桩体、螺旋叶片与土体之间桩土相互作用抵抗水平荷载。

优点

- 施工速度快，不需要开挖土方，不破坏环境。
- 适用于各种土质，可调节桩的长度和叶片的大小。
- 可拆卸移除，便于回收利用。

缺点

- 需要专业的机械设备和操作人员。
- 受到土体腐蚀和海水侵蚀的影响，需要采取防腐措施。
- 受到风力和地震的影响，需要考虑桩的稳定性和抗震性。

适用场景

- 适用于散土壤、基岩、沙地、沼泽等。

1. 施工要求

①应按照国家标准《光伏发电站施工规范》（局部修订征求意见稿）的相关规定进行施工，包括桩基础的设计、施工、检测、验收等内容。

②应根据地质条件、结构形式、载荷特点等因素选择合适的桩基础类型，如微型短桩、螺旋钻孔灌注桩、岩石植筋锚杆基础等。

③应按照现行行业标准 JGJ 94—2008《建筑桩基技术规范》的相关规定进行施工，包括桩位放样、钻孔、灌注、桩身检测、桩头处理等内容。

学习笔记栏

④应按照现行行业标准 GB/T 50797—2012《光伏发电站设计规范》的相关规定进行验收，包括桩基础的质量验收文件、验收方法、验收标准等内容。

2. 施工工序

①施工前利用经纬仪和尺子根据螺旋桩位置图放桩位，并做好记号。

②打桩钻机就位，保持平整、稳固，在机架或钻杆上设置标尺，以便控制和记录孔深。

③钻杆与螺旋桩连接，调整好角度，开始钻进。钻进过程中应保持钻杆的垂直度，同时注意观察地层变化和桩身沉降情况。

④钻进到设计深度后，将螺旋桩与钻杆分离，用千斤顶或其他工具将钻杆提出。

⑤用水平仪检查螺旋桩的垂直度和水平度，如有偏差应及时调整。

⑥在螺旋桩上安装支架和光伏组件，按照设计要求进行连接和固定。

⑦对光伏系统进行调试和测试，确保正常运行。

4.2 筑平台：屋顶电站基础三途径

对于屋顶光伏电站，根据不同的屋面形式，采取不同的基础施工方式。目前市场比较常见的屋顶形式有混凝土屋顶、彩钢瓦屋顶、瓦片屋顶等。

4.2.1 混凝土屋顶

本节提到的混凝土屋顶指屋顶的防水层采用混凝土结构的屋面，混凝土屋面光伏电站（见图 4-4）可以通过混凝土独立基础压载在屋顶上，不需要打孔或焊接。

图 4-4 混凝土屋顶光伏电站

1. 施工要求

①结构设计：确保混凝土基础具有足够的承载能力和稳定性，能够支撑光伏组件的重量和风载荷。

②基础预制：在混凝土屋顶上事先预制好基础支架，可以采用预制混凝土块、托架或其他固定装置。

③表面准备：确保混凝土屋顶表面平整、干燥、无裂缝或松散的部分，并清除任何障碍物。

2. 施工工序

①基础准备：在混凝土屋顶上进行标定和测量，确定支架基础的位置和布置。清理基础区域，确保基础表面干净、平整，并清除杂物和尘土。

②基础施工：进行混凝土基础的施工，包括以下步骤：

模板安装：根据基础设计要求，安装和固定基础的模板。模板可以采用木板、钢板或其他适用材料。

钢筋布置：根据基础设计要求，在模板内安装并固定钢筋，确保基础的强度和稳定性。

浇筑混凝土：将混凝土倒入模板内，逐层进行浇筑，使用振动器或撬棍排除气泡和空隙，并使混凝土均匀分布。

养护：根据混凝土材料的要求，进行适当的养护，包括保湿、覆盖保护和控制温度等。

③基础检查和调整：待混凝土基础充分硬化后，进行基础的检查和调整。检查基础的平整度、水平度和垂直度，必要时进行调整。

4.2.2 彩钢瓦屋顶

彩钢瓦屋面是指采用彩色涂层钢板，经辊压冷弯成各种波形的压型板，常见于工业厂房屋顶。

彩钢瓦屋面光伏电站（见图 4-5）的基础形式有打孔安装、夹具安装、粘贴安装等。打孔安装需要增加屋面防漏措施，房屋产权方往往不愿意接受，粘贴的安装方式对于胶的使用寿命及胶粘质量要求较高，目前应用较少，夹具安装是目前彩钢瓦屋顶安装光伏组件的最普遍的方法。因此，本节主要介绍夹具安装的方法。

图 4-5 彩钢瓦屋面光伏电站

学习笔记栏

1. 施工要求

①定位放线准确。

②夹具尺寸与屋面瓦楞尺寸匹配，咬合紧密。

③夹具承载力满足设计要求。

2. 施工工序

（1）材料选择

选择符合要求的夹具材料，通常是具有耐候性和耐腐蚀性的材料，如不锈钢或铝合金。

（2）屋面预处理

在安装夹具之前，需要对彩钢瓦屋面进行预处理，确保其干净、平整，并进行必要的修复和维护。这包括清除杂物、尘土和锈蚀，并修复任何损坏或腐蚀的部分。

（3）夹具试安装

夹具的安装，包括以下步骤：

①将夹具固定在预先钻好的孔上，使用适当的螺钉或螺栓进行固定（见图 4-6）。确保夹具紧固牢固，纵横线上是否整齐。

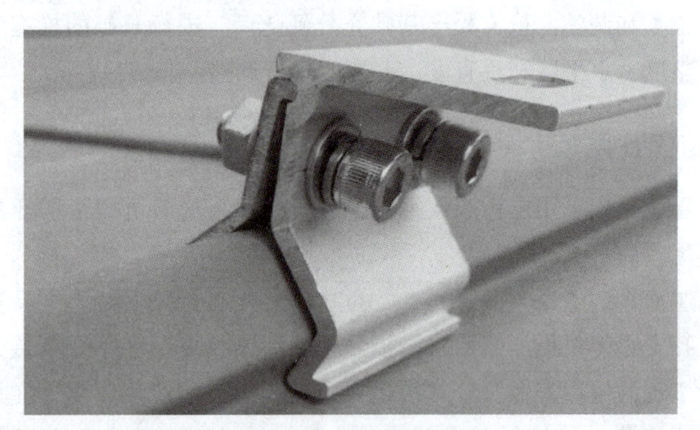

图 4-6　夹具安装图

②夹具调整：在安装完夹具后，进行夹具的调整，以确保夹具之间的间距和水平度符合要求。必要时，使用水平仪和调节工具进行微调。

拉拔试验

（4）拉拔试验

完成夹具安装后，进行检查和测试，确保夹具的稳定性和牢固度。检查夹具的紧固情况，确保没有松动或缺失的部分。满足设计要求，能够承受光伏支架和太阳能电池板的重量和风力荷载。

（5）定位放线

根据光伏支架的设计要求和布局方案，在彩钢瓦屋面上确定夹具的安装位置和间距。通常需要遵循一定的间距要求，以确保夹具的均匀分布和支架的稳定性。

（6）夹具安装

拉拔试验通过后，按照定位放线的点，即可大面积铺开夹具的安装。

(7) 验收

安装完成后，施工单位组织监理单位及建设单位完成验收。

学习笔记栏

4.2.3 瓦片屋顶

相对于彩钢瓦屋面，瓦片屋面常见于自行修建的房屋或别墅等，面积较小，一般用户用光伏电站（见图 4-7）。

图 4-7 户用光伏电站

对于瓦片屋顶，常用的固定方式有钻孔固定、夹紧固定、钩子固定。其中，钩子固定的方式是应用最广泛的固定方式。

1. 钻孔固定

通过在瓦片上钻孔，使用螺栓或膨胀螺栓将光伏支架固定在屋面上。这种固定方式通常适用于瓦片较厚的屋面。

2. 夹紧固定

使用夹紧装置将光伏支架夹紧在瓦片之间，实现固定。这种固定方式适用于具有一定间隙的瓦片屋面。

3. 钩子固定

使用特制的屋面钩子将光伏支架挂在瓦片边缘或瓦片之间的空隙中。这种固定方式适用于较薄的瓦片屋面，可以避免钻孔对屋面造成损害。

钩子固定是易于施工的方案，且适用范围更广，其主要安装工序如下：

(1) 屋面预处理

清理屋面表面的杂物和灰尘，确保瓦片干净平整。检查瓦片的完整性，如有损坏的瓦片需要进行更换。

(2) 确定支架位置

根据光伏支架的设计要求和布局方案，在屋面上确定支架的安装位置和间距。

(3) 安装钩子

将特制的屋面钩子固定在瓦片边缘或瓦片之间的空隙中。确保钩子安装牢

学习笔记栏

固，能够承受支架和太阳能电池板的重量和风力荷载。

4.3　固根本：水面电站基础双引擎

水面光伏电站基础可以分为漂浮式基础、桩基础、浅水埋设基础、深水浮筒基础，需要根据具体项目情况，包括水域条件、水深、水体状况以及经济因素等综合考虑选择合适的基础形式。

漂浮式基础：将光伏支架悬浮在水面上，通过浮筒、浮球或浮框等漂浮装置支撑。

桩基础：在水底通过打桩的方式将光伏支架固定在水底。

浅水埋设基础：将光伏支架的基础部分埋设在水底浅层的沉积物中，通过重力和摩擦力来固定支架。浅水埋设基础适用于水深较浅的水域，可以降低施工难度和成本。

深水浮筒基础：在水深较大的水域中，使用浮筒将光伏支架悬浮在水中，浮筒通过钢丝绳或缆绳与水底锚固点连接，保持支架的稳定性。

其中，漂浮式基础与桩基础是水面光伏电站最常用的两种形式。本节以漂浮式基础及桩基础展开介绍。

4.3.1　漂浮式基础

水面光伏电站漂浮式基础见图 4-8。

图 4-8　漂浮式基础

优点

- 安装快速，施工周期短。
- 灵活性高，可以适应不同水深和水体条件。
- 对水质和水深要求较低。
- 降低支架与水体的热传导。

缺点

- 稳定性受到水面波动和风力影响，需要采取稳定措施。
- 需要定期维护，以确保浮筒和连接部件的正常运行。

适用场景

- 适用于水深的区域 。

学习笔记栏

1. 施工要求

设计评估：在施工前，需要进行充分的设计评估，包括水体特性、漂浮装置的选择、稳定性分析、水质影响等。确保漂浮式基础满足项目需求，并能够在水体环境中稳定运行。

材料选择：选择适合水环境的材料，具有抗腐蚀、耐候、防水性能，能够适应水中的湿度、盐分和紫外线等因素。常见的材料包括高密度聚乙烯（HDPE）和玻璃钢等。

稳定性考虑：由于漂浮式基础容易受到水面波动和风力的影响，需要采取稳定措施，如添加稳定桩、固定框架或使用锚点等，以确保光伏支架的稳定性。

防漏水处理：在漂浮装置的连接点和关键部位，采取防漏水措施，以防止水渗透进入支架系统，保证设备的安全和运行。

2. 施工工序

准备工作：清理水面、标定支架布置位置、确定漂浮式基础类型和材料选择。

安装漂浮装置：按照设计要求，在水面上逐个安装漂浮装置，确保装置的水平度和稳定性。

支架连接：将光伏支架与漂浮装置进行连接，通常使用螺栓、紧固件或其他连接件。确保连接牢固，并根据需要调整支架的倾斜角度和朝向。

4.3.2　桩基础

水面光伏电站桩基础见图4-9。

图4-9　水面光伏电站桩基础

学习笔记栏

优点

• 稳定性高，能够抵抗水流、波浪和风力的冲击。
• 支架固定牢固，可靠性高。

缺点

• 施工成本较高，需要专业设备和施工技术。
• 对水底地质和水深要求较高。

适用场景

• 适用于水浅的区域。

1. 施工要求

地质勘察：进行充分的地质勘察，了解水下地质条件，包括土壤类型、承载力、稳定性等，以确定桩基础的设计和施工方案。

桩材选择：选择适合水下环境的桩材，例如钢管桩、混凝土桩等，并确保其材质符合相关标准和规范要求。

施工设备：准备适当的施工设备，如打桩机、吊装设备等，以确保施工的顺利进行。

桩的打入：根据设计要求，控制桩的打入深度和角度，并确保桩的垂直度和水平度。

桩顶处理：对桩顶进行必要的处理，确保支架的连接平整，并进行必要的修整和处理，以便安装光伏支架。

桩基础防腐：对桩材进行防腐处理，以提高桩的抗腐蚀能力，延长使用寿命。

桩基础固结：根据设计要求，进行桩基础的固结，包括灌注混凝土、加固桩体等，以提高桩基础的稳定性和承载力。

桩基础验收：在施工完成后，进行桩基础的验收和检查，确保其符合设计要求和施工规范。

在施工过程中，还需要注意施工现场的安全措施，保障施工人员的安全。同时，根据具体项目的要求，可能还需要考虑环境保护、水下施工的特殊要求等因素。

2. 施工工序

准备工作：清理水下区域、进行地质勘察和确定桩的布置位置。

桩身施工：根据设计要求，在水底打入桩材，并控制桩的垂直度和水平度，确保桩的稳定性和承载力。

桩顶处理：在桩顶进行必要的处理，例如切割、打磨等，以确保支架的连接平整。

连接支架：将光伏支架与桩进行连接，通常采用螺栓、紧固件或其他连接件。确保连接牢固，并根据需要调整支架的倾斜角度和朝向。

学习笔记栏

4.4 扛重担：电站光伏支架多形态

4.4.1 地面电站光伏支架

1. 分类

固定式光伏支架是最常见的地面支架类型，固定在地面上并保持固定位置不变。它通常采用倾斜角度固定，以使光伏模块可以最大程度地接收太阳辐射。

手动可调式光伏支架允许调整光伏模块的倾斜角度。它通常由支架和调节机构组成，通过手动操作调整倾斜角度，以优化光伏模块的日照角度。

跟踪式光伏支架是一种自动跟踪太阳轨迹的支架系统，能够实时调整光伏模块的角度以最大限度地捕捉太阳能。跟踪式光伏支架可以实现光伏模块的全天候跟踪，最大限度地提高能量输出。

总体而言，固定式光伏支架适用于大多数场地，成本相对较低且施工简便；手动可调式光伏支架具有一定的灵活性和调整能力，适用于一些需要季节性调整的场景；跟踪式光伏支架具有最高的能量输出效率，但成本较高，适用于对能量输出要求较高的场所。选择适合的支架类型需要综合考虑地理位置、预算、能源需求和实际应用情况。

(1) 固定式光伏支架

固定式光伏支架（见图4-10）结构简单、稳定可靠，并且施工相对较简单，适用于地势平坦、无阴影遮挡的场地。然而，固定式光伏支架无法调整倾斜角度，不能随时跟随太阳运动，因此在日照强度不均匀的地区效率可能会有所降低。

图4-10 固定式光伏支架

学习笔记栏

优点

- 稳定可靠：固定式光伏支架固定在地面上，具有良好的稳定性，能够抵抗风力和其他外部影响。
- 施工简便：相对于其他类型的支架，固定式光伏支架的施工相对简单，成本较低。
- 维护成本低：由于固定式光伏支架没有移动部件，维护成本相对较低。

缺点

- 固定角度：固定式光伏支架的倾斜角度无法调整，无法根据太阳运动进行优化调整，因此在日照不均匀的地区效率可能会受到一定影响。
- 无法追踪太阳：固定式光伏支架无法实现对太阳轨迹的跟踪，无法最大程度地捕捉太阳能。

适用场景

- 主要适用于日照强度均匀的地区。

(2) 手动可调式光伏支架

手动可调式光伏支架（见图4-11）具有灵活性和可调性，可以根据季节、日照时间等条件调整倾斜角度，提高光伏系统的发电效率。

图4-11　手动调节式光伏支架

优点

- 灵活调整角度：手动可调式光伏支架可以通过人工操作来调整光伏模块的倾斜角度，根据季节、日照时间等条件进行优化，提高能量输出效率。
- 相对低成本：与跟踪式光伏支架相比，手动可调式光伏支架的成本较低。

缺点

- 人工操作：调整倾斜角度需要人工操作，需要投入一定的人力成本，特别是对于大型光伏电站可能不太实用。
- 不能实时追踪：手动可调式光伏支架无法实时跟踪太阳运动，只能通过周期性调整来适应季节和日照时间的变化。

学习笔记栏

适用场景

• 主要适用于日照随季节变化较大的地区。

(3) 跟踪式光伏支架

跟踪式光伏支架的原理是通过机电或液压装置使光伏阵列随着太阳入射角的变化而移动，从而使太阳光尽量直射组件面板，提高光伏阵列发电能力。跟踪式光伏支架有两种跟踪技术：一种是光学检测技术；一种是计算太阳运动轨迹的方法进行跟踪。

优点

• 可以提高光伏阵列的发电量，因为它可以使太阳光尽量直射组件面板。

缺点

• 成本较高，维护难度较大，故障率较高，结构的耐久性和稳定性较低。

适用场景

• 主要适用于纬度较高地区。

跟踪式光伏支架适用于高直射比、双面组件、大型地面集中式等电站项目。一般认为，跟踪式光伏支架更适合部署于纬度高于30°的区域，因为这些地区的太阳辐射能更高，跟踪式光伏支架可以提高20%~30%的发电量。

跟踪式的支架一般由PLC、传感器、电机等组成，通过控制电机的转动来调节光伏组件的倾斜角。

跟踪式光伏支架可分为平单轴跟踪式支架、斜单轴跟踪式支架、双轴跟踪式支架。平单轴跟踪式支架（见图4-12）是指支架沿水平方向旋转，跟踪太阳的日运动。

图4-12　平单轴跟踪式支架

学习笔记栏

斜单轴跟踪式支架（见图 4-13）是指支架沿倾斜方向旋转，结合了平单轴和最佳倾角的优点。

图 4-13　斜单轴跟踪式支架

双轴跟踪式支架（见图 4-14）是指支架沿两个垂直的轴旋转，跟踪太阳的日运动和季节变化，实现最大化的太阳能捕获。

图 4-14　双轴跟踪式支架

固定式光伏支架成本相对较低且施工简便，适用于大多数场地，在实际工程中应用最为广泛，本节以固定式光伏支架为例展开支架的安装要求及工序的相关内容。

2. 安装要求

支架构件的材质、连接螺栓等必须符合设计及规范的要求。检查材料出场合格证、检验报告单；支架构架及整体安装标准规范，横平竖直、整齐美观、螺栓紧固可靠，满足设计规范要求。

支架安装的允许偏差见表 4-1。

学习笔记栏

表 4-1 支架安装的允许偏差

序号	项 目	允许偏差/mm
1	中心线偏差	≤2
2	梁标高偏差（同组）	≤3
3	立柱面偏差（同组）	≤3

3. 安装工序

（1）基础检查

施工单位联合建设单位、监理单位检查基础是否满足图纸设计的要求。

（2）材料检查

支架安装前应按20%比例进行抽样，并根据图纸检查支架零部件的尺寸是否符合设计要求。检查是否变形，出现变形应及时校正，无法校正者应进行更换。不允许有倒刺和毛边现象。所有零部件均应按图纸设计要求进行表面防腐处理，保证不生锈不腐蚀。支架基础按设计要求检查平面位置、几何尺寸、轴线、标高、基础安装面平整度、预埋螺栓、基础砼强度、桩基试验等是否符合设计满足安装要求。如基础施工与设计要求偏差较大应先进行基础的纠偏合格后再进行支架的安装工程。

光伏组件支架连接紧固件必须符合国家标准要求，采用热镀锌件达到保证其寿命和防腐紧固的目的。螺栓、螺母、平垫圈、弹簧垫圈数量、规格型号和品种应齐全，性能良好，符合设计要求。

（3）支架安装

立杆安装前，先安装前后立柱，后安装好主梁、次梁和斜拉杆及顶端的连接件，保证满足每组电池板表面平整。利用经纬仪（铅垂线）对杆件的竖直度进行校正，误差不应超过2 mm。

在每一个阵列中，将两端的立杆与中间的立杆先进行安装，用水准仪控制立杆顶端连接标高。在安装中间立杆时，在两立杆之间拉钢丝线拉直，进行其他立杆的安装。

立杆安装调节完毕后，安装拉杆固定拧紧，检查立柱垂直度确保满足要求，依次安装主梁、次梁、连接件、附件等。每排立杆安装完成，及时安装后腿之间的拉筋，保证立柱沿纵向的稳定性，防止变形。

立杆安装完毕各部位已固定完毕后，进行主、次梁的安装，斜梁的主、次梁下端应满足标高及尺寸要求，根据基准标高控制主、次梁的下口标高，保证满足设计尺寸要求。

主梁采用螺栓及连接件与基础顶面的底板连接，主梁与立柱顶部通过连接件由2个螺栓进行连接，螺栓连接需配2个平垫，一个弹簧垫，防止松动。确定好标高、垂直度、尺寸等之后拧紧连接螺栓。主梁安装完成及时安装与立柱之间的斜撑，形成整体，保证主梁及整个支架的稳定性及整体刚度。

（4）验收

支架构件的材质、连接螺栓等必须符合设计及规范的要求。

学习笔记栏

4.4.2 屋顶电站支架

屋顶支架根据材质有不同的类型，铝合金导轨（见图 4-15）重量较轻，耐腐蚀，广泛应用于彩钢瓦屋顶。碳钢导轨受力性能较好，需要防锈处理，适用于混凝土基础或地面电站。不锈钢导轨受力性能较好，耐腐蚀，成本较高，适用于特殊环境。

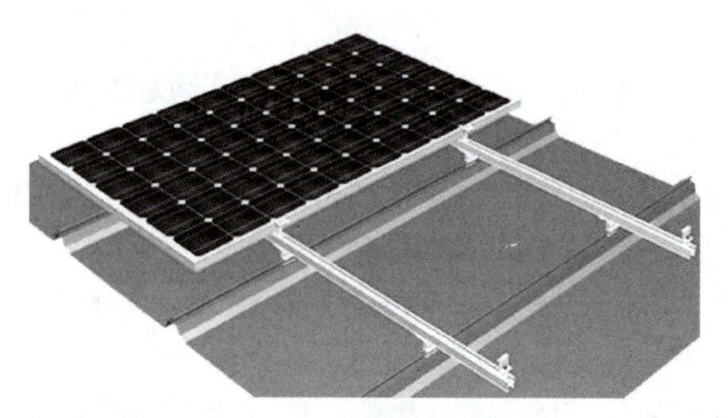

图 4-15　光伏组件导轨

1. 安装要求

①严格按照图纸尺寸位置安装夹具，并且螺钉都要锁紧。不同的阵列，导轨规格不一样，严格按照图纸选用相应的导轨规格。

②安装组件的支架面应平直，平整度不大于 3 mm。

③光伏阵列支架表面平整无扭曲，固定组件的支架面必须调整在一个平面。

④成排的阵列必须成一直线。

⑤安装完的组件角度必须保证设计的倾角，倾角角度偏差不大于±1°。

⑥所有的螺栓连接的地方必须紧固到位，防松措施齐全。

2. 安装工序

（1）核验夹具定位

核对夹具安装的实际与设计图纸是否一致，如有不一致，及时通知各单位进行确认。

（2）导轨转运与吊装

将导轨按照不同的型号进行分类，并转运至地面指定吊装点，通过吊车将导轨调至屋面，并及时分散。

安装人员按照图纸设计，将导轨搬运至对应夹具附近。

（3）导轨安装

将导轨放置于夹具上方，通过螺栓将导轨与夹具固定，夹具与导轨互相配合（见图 4-16）。

用螺栓锁紧轨道与夹具，且要确保导轨与夹具上端面垂直；如果是两条导轨拼接的方阵，保证两条导轨之间连接处留有 20 mm 伸缩距离（见图 4-17）。

学习笔记栏

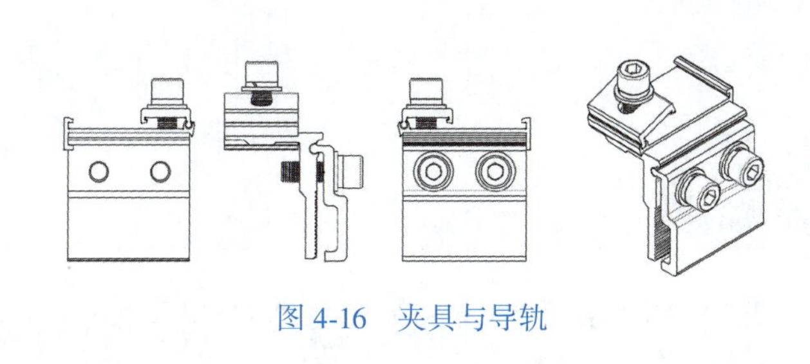

图 4-16　夹具与导轨

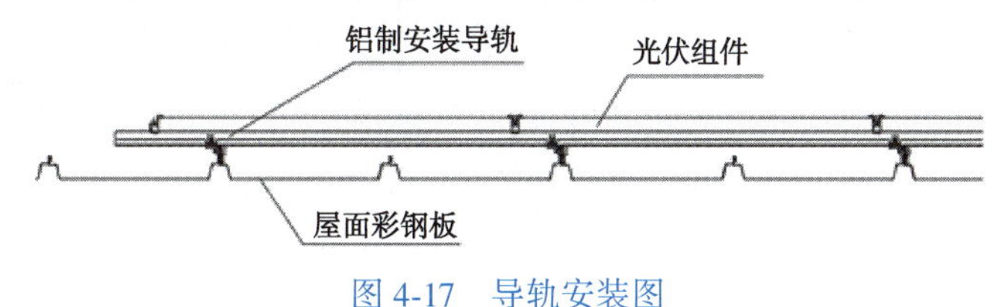

图 4-17　导轨安装图

习　　题

一、填空题

1. 地面光伏电站常见的基础形式有________、灌注桩基础、螺旋桩基础等。

2. 大型地面光伏电站的支架，根据是否可以调整角度，可以分为________光伏支架、手动可调式光伏支架、跟踪式光伏支架。

3. 跟踪式光伏支架可以分为平单轴、斜单轴、________。

4. 采用夹具安装的屋顶光伏电站，安装支架前应对夹具进行________试验，满足设计要求。

5. ________导轨具有质量较轻，耐腐蚀的特点，适用于彩钢瓦屋顶。

习题答案

二、判断题

1. 打孔安装是目前彩钢瓦屋顶最常用的固定式光伏支架的方式。(　　)

2. 对于水面光伏电站，漂浮式基础相比桩基础，安装快速，施工周期短。(　　)

3. 跟踪式光伏支架相比固定支架，成本较高，维护难度较大，故障率较高，结构的耐久性和稳定性较低。(　　)

4. 螺旋桩基础打桩钻机就位后，应保持平整、稳固，在机架或钻杆上设置标尺，以便控制和记录孔深。(　　)

5. 跟踪式光伏支架的控制系统要精确灵敏，能够根据太阳的位置和天气情况及时调节支架的角度，避免阴影遮挡和反射损失。(　　)

光伏电站电气设备的安装

学习导航

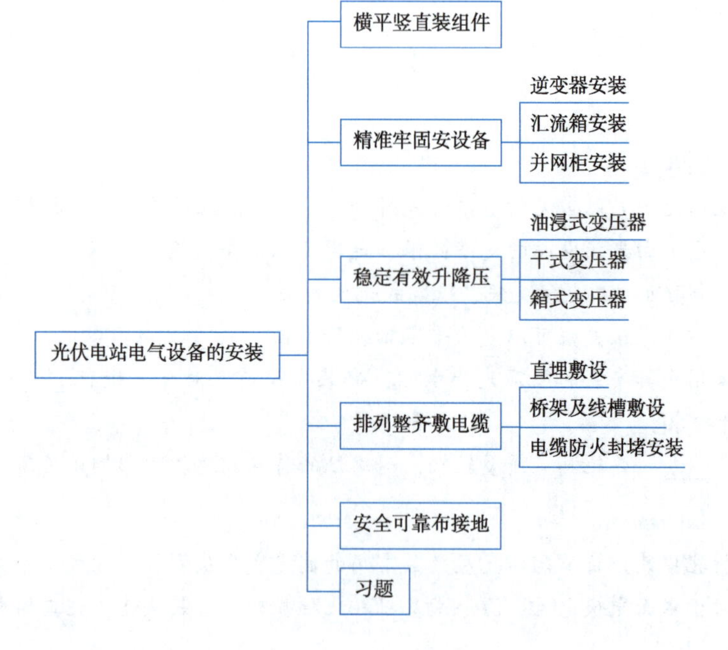

引　言

电气设备安装是光伏电站施工过程中最重要的环节，工程中电气设备的技术工作包括选型、运输、安装、试验等。本章主要介绍了光伏电站电气工程部分施工要求及施工工序，分别从组件、逆变器、汇流箱、变压器、并网柜、电缆等主要电气设备展开介绍，对重要的电气设备的类型也有适当阐述，有助于学生更好地理解光伏电站的主要电气设备，以及各类设备的安装等。

学习目标

1. 掌握光伏电站主要电气设备。
2. 掌握各类电气设备的安装方法。
3. 了解光伏电站电气设备的新技术、新方向。

4. 培养学生严谨的学习态度，了解不同设备的优缺点及适用场景，学会因地制宜，根据不同的需要选用不同的设备。

5. 了解光伏电站土建及结构岗位的职责与要求。

学习笔记栏

5.1 横平竖直装组件

光伏组件是光伏电站中最重要的设备，实现从光能到电能的转换。光伏组件费用约占光伏工程成本的50%，且由于组件表面为玻璃，安装过程中非常容易受到破坏，因此，必须由经过培训的专业工人并掌握相应的技术，方可进行光伏组件的安装。

5.1.1 安装准备

1. 技术准备

施工图纸齐全，并由公司技术负责人组织进行了图纸会检，确认图纸无问题。

施工材料和设备均已到货。

组件安装施工技术措施编制完毕。

开工前的各种手续已办妥。

安装前应对组件进行检查：组件应无变形、玻璃无损坏、划伤及裂纹。测量组件在阳光下的开路电压，组件输出端与标识正负应吻合。组件正面玻璃无裂纹和损伤，背面无划伤毛刺等；安装之前在阳光下测量单块组件的开路电压，应满足标准。

2. 作业人员配置

施工前应根据施工工期、工程量合理安排施工人员。安装施工人员及计划应详细、具体、严密和有序，以便监督实施和科学管理。

技术人员按照施工技术措施，对施工人员进行技术、质量、安全交底，并进行了三方签字。

表5-1为某地面光伏电站组件安装人员配置表。由1名负责人，2名班（组）长进行管理。由2名技术人员进行技术指导，由60名施工人员进行组件安装。搬抬组件时，由2人组成一队。

表5-1 组件安装人员配置表

序号	工种或岗位	人数	资质要求
1	工程负责人	1人	有组织协调能力，有现场管理经验
2	班（组）长	2人	熟悉本项施工的工艺流程，能有效组织施工人员按照施工技术措施的要求进行施工，负责班（组）施工质量和安全、环境工作
3	技术员	2人	能够审清本项目施工图纸，领会设计思想，掌握施工工艺，熟悉施工质量和安全、环境要求。对施工项目进行技术、安全交底，做好施工过程控制，配合班长进行施工验收工作
4	安装工	60人	掌握本项目的技术、工艺要求，知道施工质量、安全环境要求。严格按照施工技术措施的工艺要求施工，严格按照操作规程作业，在施工中遇到问题及时向班长、技术员反映，共同解决

学习笔记栏

3. 作业工具准备

光伏安装的主要工具有：扳手、内六角扳手、电钻、万用表等。

某光伏项目组件安装作业主要工具见表5-2。具体工具与数量根据实际项目调整。

表5-2 施工作业工机具统计表

序　号	名　称	单　位	数　量
1	5 m钢尺	把	5
2	运输车	辆	3
3	内六角扳手	把	50
4	电钻	把	20
5	吊车	辆	1
6	扳手	把	50
7	脚手架	套	5
8	施工线	轴	10
9	万用表	块	5

4. 作业环境准备

现场已完成“三通一平”，具备组件运输条件。

基础及支架已经完成验收，具备组件安装条件。

工作人员严禁酒后进入施工现场；严禁施工人员穿拖鞋、凉鞋、高跟鞋进入施工现场。

严禁施工人员在雨中进行光伏组件的安装。

风力超过4级时，应停止施工。

5.1.2 安装要求

天合光能组件用户手册

①安装组件的支架面应平直，直线度不大于千分之一，平整度不大于3 mm。

②安装前应按照设计图纸仔细核对组件规格和型号。

③在现场安装使用前，确认光伏组件外形完好无损，若发现有明显变形、损伤，应及时更换。

④根据施工图的尺寸要求，严格控制好组件与组件的空隙，做到横平竖直。

⑤安装螺栓前必须加上平垫和弹垫，拧紧螺母时必须采用专用工具，如扳手，拧紧力度应合理，不得损坏螺纹螺杆。

⑥组件的安装应逐块安装，安装方向为自内向外，并紧固组件螺栓。安装过程中必须轻拿轻放以免破坏表面的保护玻璃，电池板的连接螺栓应有弹簧垫固和平垫圈，紧固后应将螺栓露出部分及螺母涂刷油漆，做防松处理，电池板安装必须做到横平竖直，同方阵内的电池板间距保持一致，并注意电池板接线盒的方向。

⑦太阳电池组件的接插头是否接触可靠，接线盒、接插头须进行防水处理。安装前需检测太阳电池组件阵列的空载电压是否正常。

学习笔记栏

⑧组件安装和移动的过程中，不应拉扯导线。

⑨组件安装时，不应造成玻璃和背板的划伤或破损。

⑩组件之间连接线不应承受外力。

⑪同一组串的正负极不宜短接。

⑫施工人员安装组件过程中严禁在组件上踩踏。

⑬进行组件连线施工时，施工人员应配备安全防护用品，不得触摸金属带电部位。

⑭对组串完成但不具备接引条件的部位，应用绝缘胶布包扎好。

⑮严禁在雨天进行组件的连线工作。

⑯安装完成后各部分应配合牢固，无松动现象。

⑰组件的安装允许偏差应符合表5-3的规定。

表5-3 组件安装允许偏差

项目	允许偏差	
倾斜角度偏差	±1°	
光伏组件边缘高差	相邻光伏组件间	≤2 mm
	同组光伏组件间	≤5 mm

⑱光伏组件的排列连接按技术图纸要求，应固定可靠，外观应整齐，光伏组件之间的连接件便于拆卸和更换。

⑲光伏组件之间的连接方式，符合设计规定。

⑳各附件间的连接导线应有保护管，保护管、接线盒应坚固牢靠。

5.1.3 安装工序

①根据图纸要求，检验组件型号规格。

②将开箱验收合格的组件搬运至相应安装区域，或吊装至彩钢瓦屋面后。

③将电池板抬放在验收合格的支架上安装，并根据施工图纸布置的尺寸，用压块固定电池板。

④把两块光伏组件之间的正负极导线进行串联，根据图纸数量，电池板为一路光伏组串。

⑤将光伏组件自带的引出线按照图纸要求进行连接。电气连接中，必须对方阵的引出电缆线进行正负极标识。各组串编号和逆变器编号要与设计图纸编号相同。

⑥电池组件连接敷设走线为专用线槽走线。

⑦MC4防水接头制作及连接：取MC电缆线的一端，用剥线钳剥掉线缆头1 cm的绝缘皮，将MC接头的接触铜芯（注意区分正负铜芯）套入已剥好绝缘皮的线缆头，用专用的压线钳压好并确认压好到位，把螺母头和防水圈按顺序套入线缆头，再插入固定铜芯的塑料头内确认安放到位，把螺母扭紧。

学习笔记栏

MC 电缆接线方式（见图 5-1）：MC 插头、插座连接，P（+）/N（-）线连接。

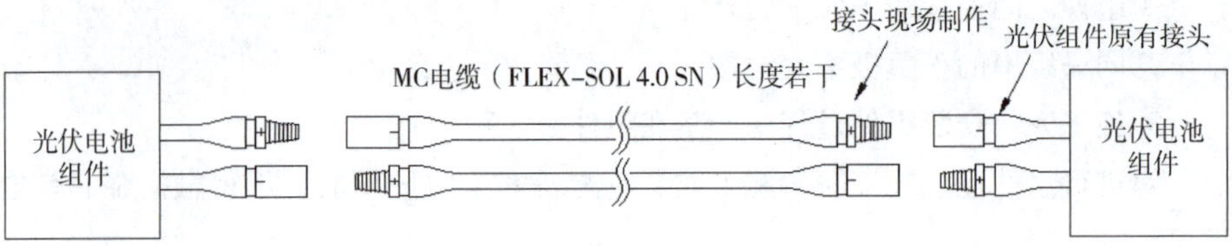

图 5-1　MC 电缆接线方式

MC 电缆接线时注意接线的“+”“-”极，串联接线时“+”接“-”，并联接线时“+”接“+”，“-”接“-”。应选用不同颜色导线作为正极（红）、负极（蓝）和串联连接线；线号、回路号标志清晰，方阵的输出端应有明显的极性标志和子方阵的编号标志。

在阳光下接线时注意不要同时接触组件的正、负极，以免电击，必要时可用不透明材料覆盖后再接线。

⑧每个组串接好后必须检测开路电压及其他电性能参数是否符合要求，出现异常情况要立即停止测试，并在排除故障点后继续测试及安装。

测试条件：天气晴朗。在测试周期内的辐照不稳定度不应大于±1%。被测方阵表面应清洁无杂物。

技术参数测试及要求：方阵的电性能参数测试按《地面用硅太阳电池电性能测试方法》和《太阳电池组件参数测量方法（地面用）》的有关规定进行。

方阵的开路电压应符合设计规定。

5.2　精准牢固安设备

5.2.1　逆变器安装

并网逆变器是光伏发电系统中的关键设备，对于光伏系统的转换效率和可靠性具有举足轻重的地位。

1. 逆变器要点

（1）性能可靠，效率高

光伏发电系统目前的发电成本较高，如果在发电过程中逆变器自身消耗能量过多，必然导致总发电量的损失和系统经济性下降，因此要求逆变器可靠、效率高，并能根据太阳电池组件当前的运行状况输出最大功率。逆变器的效率包括最大效率、欧洲效率和 MPPT 效率。

（2）最大功率点跟踪

太阳电池组件的输出功率随时变化，因此逆变器输入终端电阻应能自适应于光伏发电系统实际运行特性，随时准确跟踪最大功率点，保证光伏发电系统高效运行。

(3) 有较宽的直流输入电压范围

由于太阳电池的端电压随负载和日照强度而变化，这就要求逆变电源必须在较大的直流输入电压范围内保证正常工作，并保证交流输出电压稳定。

(4) 输出电流谐波与功率因数

光伏电站接入电网后，并网点的谐波电压及总谐波电流分量应满足GB/T 14549—1993《电能质量 公用电网谐波》的规定，光伏电站谐波主要来源是逆变器，因此逆变器必须采用滤波措施使输出电流满足并网要求，谐波含量应低于3%，逆变器功率因数接近于1。

(5) 保护功能

并网逆变器还应具有交流过电压、欠电压保护，超频、欠频保护，高温保护，交流及直流的过电流保护，直流过电压保护，防孤岛保护等保护功能。

(6) 监控和数据采集

逆变器应有多种通信接口进行数据采集并发送到远控室，其控制器还应有模拟输入端口与外部传感器相连，测量日照和温度等数据，便于整个电站数据处理分析。

2. 逆变器分类

目前逆变器产品主要分为四类，即集中式逆变器、集散式逆变器、组串式逆变器和微型逆变器。

微型逆变器主要应用于单相并网系统，以户用光伏系统为主要应用场景。

集散式逆变器是将MPPT和DC/DC升压功能集成到光伏控制器，然后集中将升压后直流电转换为交流电的设备，相比组串式逆变器降低了交流线缆损耗，相较集中式逆变器降低了直流线缆损耗。集散式采用分离式的两级功率变换，前级MPPT光伏控制器，后级逆变器，原本一个设备就能完成的事情，现在拆分成两个设备，系统控制复杂。前后级距离很远，无法实现快速可靠的通信和控制，集散式逆变器很难通过现场零电压穿越、高电压穿越和有功降额等电网调度方面的测试，严重的会导致现场无法并网。

组串式逆变器相对于集中式逆变器，容量较小，目前市面上的组串式逆变器容量在1 kW~315 kW之间，即把光伏方阵中数个光伏组串输入到一台指定的逆变器中，多个光伏组串和逆变器又模块化地组合在一起，所有逆变器在交流输出端并联。组串式逆变器的主要优点是不受组串间光伏电池组件性能差异和局部遮影的影响，各逆变器的多路MPPT可以处理不同朝向和不同型号的光伏组件，可避免部分组件上有阴影时造成巨大电量损失，在山地光伏项目中能方便分散地块和光伏单元的接线，提高系统的整体效率。

学习笔记栏

优点

- 适用性：组串式逆变器可以适应不同规模的光伏系统，从几千瓦到几兆瓦不等。
- 模块级别最大功率点追踪：每个光伏模块都有自己的MPPT，这可以最大程度地提高系统的能量产出。
- 可靠性：由于组串式逆变器只有少数几个逆变器单元，故障检测和维修相对较容易。
- 灵活性：单台组串式逆变器功率较小，特别适用于不同地形的电站。

缺点

- 成本高：相比同规模的集中式逆变器，组串式逆变器数量多，造价相对高，安装价格高。
- 维护复杂：组串式逆变器分布较散，整体运维可能更为复杂。

适用场景

- 适用场景广泛。主要运用于规模较小的电站，如户用分布式发电、中小型工商业屋顶电站等，但是近年来也开始应用于一些大型地面电站。

集中式逆变器是将很多光伏组串经过汇流后连接到逆变器直流输入端，集中完成将直流电转换为交流电的设备。集中式逆变器通常使用两级三电平三相全桥拓扑结构，大功率 IGBT 和 SVPWM 调制算法，通过 DSP 控制 IGBT 发出三电平方波，通过 LCL 或 LC 滤波器滤波后输出满足标准要求的正弦波。目前集中式逆变器在自身原有的优势上持续不断完善和优化设计，三电平技术，支持接入双绕组变压器，集成 SVG 功能，PID 防护及主动修复，更大的无功容量。

集中式逆变器常见的输出功率为 500 kW、630 kW、1. 25 MW、1. 5 MW、2. 5 MW、3. 125 MW，在电网友好性、稳定性、SVG 功能、接收电网调度等方面有着组串式逆变器不可比拟的优势。

优点

- 高效性能：集中式逆变器具有更高的功率密度，能够处理大型光伏系统的输出功率。
- 较低的损耗：集中式逆变器的转换效率通常较高。

缺点

- 单点故障：集中式逆变器是系统中的单个设备，如果逆变器故障，整个系统的能量产出将受到影响。
- 运行温度高：由于集中式逆变器的功率密度较高，它们通常会产生较高的热量，需要良好的散热系统来确保正常运行。

适用场景

- 通常适用于大型地面光伏电站、农光互补光伏电站、水面光伏电站等。同时，由于其单体输出功率大、电压等级高，随着技术进步近年来开始与下游的变压器集成，形成“逆变升压”一体化的解决方案，以及与储能结合的光储一体化解决方案。

学习笔记栏

3. 安装准备

安装前提前准备好相应的工具。逆变器安装工具见表5-4。主要的工具包括：力矩扳手、剥线钳、角尺、铅锤测量仪、万用表、兆欧表等。

具体工具与数量根据实际项目调整。

表5-4 逆变器安装工具

名称	功能	名称	功能	名称	功能
一字螺丝刀	紧固螺钉	十字螺丝刀	紧固螺钉	扳手	紧固螺栓
力矩扳手	筋骨膨胀螺栓	斜口钳	修剪线扣	剥线钳	剥离线缆外皮
液压钳	压接铜鼻扣	电钻	钻孔	卷尺	测量距离
角尺	测量距离	水平尺	检查是否水平	铅垂测量仪	检查垂直偏差
线扣	绑扎线缆	手套	安装时佩戴	绝缘胶带	包扎裸线
万用表	测量电阻和电压及电流	兆欧表	测汇流箱壳体绝缘及器件和线路绝缘		

4. 安装要求

①检查安装逆变器的型号、规格正确无误。

②逆变器应选择在设备周围空气自由流通的地方安装。

③周围预留足够的检修空间，一般柜前柜后各预留800 mm的距离以方便安装。

④逆变器与钢支架之间固定应牢固可靠。

⑤单独或成列安装时，其垂直度、水平度以及箱、柜面不平度和柜间接缝的允许偏差应符相关规定。

逆变器基础型钢安装允许偏差应符合表5-5的规定。

表5-5 逆变器基础型钢安装允许偏差

项目	允许偏差	
	mm/m	mm/全长
不直度	<1	<3
水平度	<1	<3
位置误差及不平行度	—	<3

华为逆变器安装手册

⑥接线箱上应标明用电回路名称，并在箱门内设有系统图和文件夹，以便维护人员进行检修记录。

⑦逆变器内专用接地排必须可靠接地，应保证两点接地；金属盘门应用不小于4 mm^2 裸铜软导线与金属构架或接地排可靠接地。

⑧逆变器直流侧电缆接线前必须确认有明显断开点，电缆极性正确、绝缘良好。

⑨逆变器交流侧电缆接线前应检查电缆绝缘，校对电缆相序。

⑩电缆接引完毕后，逆变器本体的预留孔洞及电缆管口应做好封堵。

⑪箱式逆变器外壳槽钢与基础预埋件牢固焊接。箱式逆变器外壳与接地扁铁

学习笔记栏

保持良好电气连接，接地电阻≤4 Ω。

⑫输入接线，具体直流输入路数由所用机型决定。直流接线时正负极不得反接，电缆与铜鼻子压线应牢固、可靠，螺栓紧固到位，且逆变器输入必须断开，必要时需有人看守。

⑬输出连线，箱式逆变器输出有 A/B/C 三相，逆变器与变压器接线相序无误。电缆与铜鼻子压线应牢固、可靠，螺栓紧固到位，且与逆变器交流连接的断路器必须断开，必要时需有人看守。

⑭通信监控接线，通信接口通过 RS-485 或光纤将逆变器实时功率、电压、电流、无功功率、发电量传送至监控中心。监控通信接线应由专人调试。

⑮端子大小与连接线径。逆变器直流输入电缆根据汇流箱的输出电流进行选型，逆变器交流输出电缆根据逆变器输出电流及相关规范进行选型。

5. 安装工序

（1）开箱检查

①外观检查。箱内部件齐全、箱体开孔合适、切口整齐；无绞线现象，油漆完整、盘内外清洁、箱盖开关灵活、回路编号齐全、接线整齐、PE 保护地线安装明显、牢固；导线截面、相色符合规范规定。

②钥匙。

③文件检查。合格证、保修卡、产品使用手册、出厂检查记录等。

（2）设备搬运

设备运输、吊装时注意事项：

①道路要事先清理，保证平整畅通，且有足够的场地。

②设备吊点。柜（盘）顶部有吊环者，吊索应穿在吊环内，无吊环者吊索应挂在四角主要承力结构处，不得将吊索吊在设备部件上。吊索的绳长应一致，以防柜体变形或部件损坏。

③汽车运输时，必须用麻绳将设备与车身固定牢，开车要平稳。必要时可将组装性质的设备和易损元件拆下单独包装运输。

（3）设备安装

①组串式逆变器。

组串式逆变器（见图 5-2）通常采用的有挂墙式、抱柱式等。集中式逆变器采用独立基础形式安装。某实际光伏项目组串式逆变器采用挂墙式。

挂墙式：建议采用膨胀螺钉，通过箱体左右两边的安装孔，将其固定在墙体上。

抱柱式：通过抱箍，角钢作为支撑架，用螺旋将箱体安装在支架上。

按照图纸及现场情况选择合适的安装方式。检查支架的牢固性，并按照图纸要求安装逆变器。

②集中式逆变器。

采用基础型钢固定时，基础型钢顶部宜高出抹平台面 10 mm，基础型钢应有明显可靠的接地，表面防锈处理。

学习笔记栏

图 5-2 组串式逆变器

将设备安装至基础之上。设备与基础型钢之间可靠固定，可采用螺栓或者焊接的方式，在不同方向至少两处焊点，焊点处做防锈处理。

设备的安装方向应符合施工图规定，同排设备的平齐度满足柜屏类机电设备的安装要求。

某光伏电站采用集中式逆变器，安装在混凝土基础上（见图 5-3）。

图 5-3 集中式逆变器

（4）设备接线

只有专业的电气或机械工程师才能进行操作和接线。

所有的操作和接线必须符合当地的相关标准要求。

安装时，除接线端子外，不要接触机箱内部的其他部分。箱内元件完好，连接无松动。设备的所有开关应处于断开状态。

装前，用兆欧表对其内部各元件做绝缘测试。设备进线端及出线端与接地端绝缘电阻不应小于 20 MΩ。

箱内元件的布置及间距应符合有关规程的规定，应保证调试、操作、维护、

学习笔记栏

阳光电源集中逆变器安装手册

检修和安全运行的要求。

输入输出均不能接反，否则后级设备可能无法正常工作甚至损坏其他设备。

按原理及安装接线框图接入光伏发电系统中后，应将防雷箱接地端与防雷地线或汇流排进行可靠连接，连接导线应尽可能短直。接地电阻值应不大于4 Ω，否则，应对地网进行整改，以保证防雷效果。

对外接线时，确保螺钉紧固，防止接线松动发热燃烧。确保防水端子拧紧，否则有漏水导致箱体故障的危险。

在箱内或箱柜门上粘贴牢固的不褪色的系统图及必要的二次接线图。

配线要求使用阻燃电缆，要排列整齐、美观，安装牢固，导线与配置电器的连接线要有压线及灌锡要求，外用热塑管套牢，确保接触良好。

（5）设备检查

进行系统的检查和测试，确保各个组件的连接正确且功能正常。

5.2.2 汇流箱安装

对于一些大型光伏系统，为了提高稳定性及方便系统维护，一般需要在光伏组件和逆变器之间增加直流汇流装置（见图5-4），将光伏组件串列接入光伏阵列防雷汇流箱进行汇流，然后接入逆变器。或者对于组串式逆变器光伏系统，在逆变器与并网柜或箱变之间增加交流汇流箱装置，进行交流汇流。

图5-4　汇流箱

1. 安装要求

根据施工图，安装位置应安全、干燥、易操作。

箱内元件完好，连接无松动。设备的所有开关应处于断开状态。

设备进线端及出线端与汇流箱接地端绝缘电阻不应小于20 MΩ。

设备内光伏组件串的电缆接引前，必须确认光伏组件侧和逆变器侧有明显的断点。

输入路数不超过汇流箱允许的输入路数；环境温度应满足产品规格要求。

导线引出面板时，面板线孔应光滑无毛刺；金属面板应装设绝缘保护套。

设备配线排列整齐，并绑扎成束；在活动部位应固定；盘面引出及引进的导线应留有适当余度，以便于检修。

导线剥削处不应伤线芯或线芯过长；导线压头应牢固可靠；多股导线不应盘圈压接，应加装接线端子，必须采用穿孔顶丝压接时，多股导线应压接后再搪锡，不得减少导线股数。

在电气连接前，用万用表确认光伏阵列的正负极，并标明对应的编号。

设备外壳应有明显可靠的 PE 保护地线（PE 保护地线为黄绿相间的双色线）；但 PE 保护地线不允许利用箱体或盒体串联。PE 线最小截面应满足表 5-6 的要求。此表若得出非标准截面时，应选用与之最接近的标准截面导体；但不得小于：裸铜线 4 mm^2、裸铝线 6 mm^2、绝缘铜线 1.5 mm^2、绝缘铝线 2.5 mm^2。

表 5-6 PE 线最小截面

相线线芯截面 S/mm^2	PE 线最小截面/mm^2
$S \leqslant 16$	S
$16 \leqslant S \leqslant 35$	16
$S>35$	$S/2$

2. 安装工序

外观检查：箱内部件齐全、箱体开孔合适、切口整齐；无绞线现象、油漆完整、盘内外清洁、箱盖开关灵活、回路编号齐全、接线整齐、PE 保护地线安装明显、牢固；导线截面、相色符合规范规定。

安装位置选择：选择干燥、通风良好的室外区域，远离高温、潮湿和腐蚀性气体的影响。

铺设电缆通路：根据设计要求，铺设合适的电缆通路以敷设交流电缆，并保证电缆的布线路径和连接点的易于维护和管理。

安装固定支架：根据汇流箱的尺寸和重量，安装固定支架以支撑汇流箱并确保其安全稳固。

连接电缆：将光伏模块的交流电缆连接至交流或直流汇流箱的对应输入端子，并使用正确规格的电缆和接线端子进行连接。

接地和绝缘：根据安装要求，对交流汇流箱进行接地和绝缘处理，确保系统的安全性和可靠性。

5.2.3 并网柜安装

对于低压并网的分布式光伏电站，往往通过并网柜（见图 5-5）实现光伏电站电能的上网连接。逆变器或汇流箱输出的电缆连接至并网柜，并网柜输出电缆与电网相连，关口计量点设置在并网柜内。

并网柜柜体尺寸满足安装和电网要求。

并网柜内断路器带开关状态、储能、报警指示灯。断路器操作机构应为弹簧

学习笔记栏

储能型，带有手动及电机储能机构，具有储能指示、机械自保持。当用交流操作时，相应操作电压为交流 220 V。当交流电压为 80% ~ 110%额定电压范围时，能可靠分闸和合闸。具备短路瞬时保护、长延时保护、分励脱扣、失压跳闸、低电压闭锁合闸功能，具备反映故障及运行状态的辅助触点，具备通信功能及带 RS-485 通信接口。具备电源端与负荷端反接的能力。

并网柜预留计量电能表和计量电流互感器安装位置，计量电能表和计量 CT 由投标方厂家提供，计量电能表和计量 CT 符合当地电网要求，预留的位置也符合当地电网要求。柜内安装电能表专用接线盒，安装 1 台电能量采集终端（是否需要以当地电网要求为准），电能量采集终端满足当地电网要求。电能表装置和电能量采集终端装置用电由柜内独立空开引接。

对应逆变器或汇流箱的断路器采用塑壳断路器。

不同的功能单元利用隔板划分成几个隔室，如母线隔室、计量隔室等。

图 5-5　并网柜

1. 安装要求

①为保证柜体的垂直、水平、顺直，在柜体和基础型钢之间可用薄板垫平，薄钢板应垫在柜底固定螺栓的两侧。柜体找平找正后，应盘面一致，排列整齐，柜与柜之间用螺栓拧紧。

②柜体的固定，采用螺栓固定。根据柜底固定螺孔的尺寸，在基础型钢上用电钻钻孔，低压柜钻 ϕ12. 5 mm 孔，高压柜钻 ϕ16. 5 mm 孔，分别用 M12、M16 镀锌螺栓固定。盘柜允许误差见表 5-7。

表 5-7　盘柜安装允许误差

项　目		允许偏差/mm
垂直度		1. 5
水平度	相邻两柜顶部	2
	成列柜顶部	5
不平度	相邻两柜边	1
	成列柜面	5
柜间接缝		2

③柜体接地：柜的接地应良好，每台柜宜单独与基础型钢做接地连接，具体做法是在柜后面左下部的基础型钢上焊接地鼻子，用 10 mm^2 以上的铜扁馈线与柜

上的接地端子（或接地母排）可靠连接。

④设备标签；所有装置，开关柜回路及元件设备均需加上标签，标签采用塑料板镀烙螺钉固定，黑底白字，危险标签采用红底板白字。

2. 安装工序

(1) 设备开箱检查

土建基础浇筑完毕后，根据设计图纸及设备安装说明书，对设备基础进行复核验收。检查基础的尺寸及预埋件的位置是否符合设备安装的要求。检查基础预埋件的平整度是否符合相关规格及技术要求。

(2) 设备开箱检查

设备到达现场后，施工单位就应担负起保管的责任，设备应存放在室内，包装和密封应良好。在约定的时间内，安装单位和建设单位（有可能的话约上生产厂家）共同进行开箱验收检查，并填写开箱记录单备案。

(3) 二次搬运

厂内搬运，用吊车和运输车进行，吊装时，柜体上有吊环时，吊索应穿过吊环；无吊环时，吊索应挂在四角主要承力结构处，不得将吊索挂在设备部件上吊装。吊索的绳长度应一致，以防受力不均匀，柜体变形或损坏部件。在搬运过程中应固定牢靠，相邻柜间应垫上纸板等软物，防止磕碰，避免元件、仪表及面漆破损。

(4) 盘柜就位固定

按设计图纸规定的顺序，将柜做好标记，采用吊车或自制龙门吊的方法，将柜体放置到基础上。为减轻柜的重量，柜中的小车、抽屉可先卸下，并做好标记，待柜就位后，再将小车抽屉安上。

(5) 电缆接线

按设计图纸将并网柜进出线电缆按线路接好。出线电缆可采用母排搭接或电缆连接。

(6) 电表安装

按设计图纸电网完成验收后，进行电表及计量互感器的安装。

5.3　稳定有效升降压

对于大中型光伏电站，电压并网等级为 10 kV 及以上，光伏发出的直流电经过逆变器逆变后变为交流电，但电压比较低，需通过变压器升压，升压后再接入光伏变电站。因此，变压是光伏电站并网系统中的重要一环，变压器则是实现该功能的设备。为了节约用地，大型光伏电站应用较多的是把变压器与高低压柜组装为一体的箱变，或者把逆变器与箱变集中为一体的箱逆变一体机。

5.3.1　变压器

油浸变压器和干式变压器是两种常见的变压器类型，油浸变压器采用油作为绝缘介质和冷却介质。绝缘油具有良好的绝缘性能和冷却能力，能有效地将热量

学习笔记栏

传递出变压器。干式变压器采用固体绝缘材料，如绝缘纸、绝缘胶片和绝缘树脂等，作为绝缘材料。不需要绝缘油，因此无须考虑油泄漏和油污染问题。

在选择时，应根据具体的应用需求和环境条件进行权衡和选择。

1. 油浸式变压器

油浸式变压器（见图 5-6）具有散热好、损耗低、容量大、价格低等特点，在光伏电站中有一定的应用。

图 5-6　油浸式变压器

优点

- 良好的散热性能：油作为冷却介质具有较高的热容量和热传导性能，可以有效地散热，适用于大功率变压器。
- 良好的绝缘性能：绝缘油具有良好的绝缘性能，能够抵抗高电压和电场应力，提供更高的绝缘能力。
- 较高的过载能力：较高的过载容量和短时过载能力，适用于承受瞬时负载冲击或周期性过载的场合。
- 抗短路能力：较好的抗短路能力，能够承受短时间的电流冲击。
- 适用于户外环境：能够抵抗恶劣的气候条件，适用于户外安装。

缺点

- 需要维护绝缘油：需要定期维护绝缘油，包括油质量监测、油漏处理和油污染控制等。
- 安全隐患：由于油浸变压器使用可燃油作为冷却和绝缘介质，存在油泄漏和火灾等安全隐患。

适用场景

- 适用于大功率、高过载能力和恶劣环境的场合。

2. 干式变压器

相较于油浸式变压器，干式变压器（见图 5-7）具有维护工作量小、运行效率高、体积小、噪声低等特点。

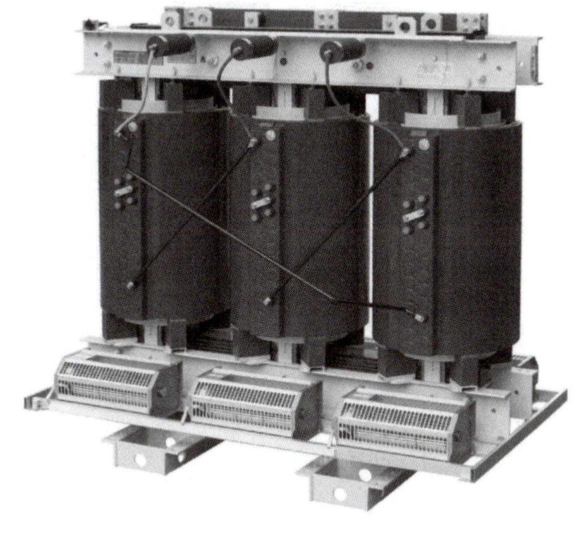

图 5-7　干式变压器

优点

- 无须绝缘油：使用固体绝缘材料，无须维护绝缘油，减少了维护工作和环境污染的风险。
- 安全性高：不含可燃物质，火灾风险较低，适用于要求高安全性的场所。
- 适用于室内环境：干式变压器不需要油池或油箱，体积小，适用于室内紧凑空间安装。
- 环保：干式变压器无油漏和油污染问题，对环境友好。

缺点

- 散热能力相对较弱：相较于油浸式变压器，干式变压器的散热能力较弱，适用于低功率变压器。
- 低过载能力：干式变压器的过载容量和短时过载能力较油浸式变压器低，适用于稳定负载的场合。
- 价格较高：干式变压器的制造成本相对较高，价格通常比油浸式变压器高。

适用场景

- 适用于小功率、室内，对安全性要求高以及环境友好的场合。

5.3.2　箱式变压器

对于光伏电站，由于场地有限，往往会采用箱式变压的形式，将变压器与其他电气柜集成，组成箱变。箱式变压器具有紧凑、安全可靠、高效节能、维护便捷、应用灵活和可移动性强等特点，使其成为电力配电系统中常见的重要设备之一。

学习笔记栏

箱式变压器是一种集变压器设备于一个密封的金属箱体内的电力变压器。它具有以下特点：

1. 紧凑设计

箱式变压器采用紧凑的结构设计，将变压器的主要部件包含在一个箱体内，占地面积小，适合在空间有限的场所安装和布置。

2. 安全可靠

箱式变压器的箱体通常由防火、防爆的金属材料制成，能有效地保护变压器内部元件，提高设备的安全性和耐久性。

3. 高效节能

箱式变压器采用优化设计和高质量的材料，具有较高的能量转换效率，能够减少能源损耗，降低运行成本。

4. 维护便捷

箱式变压器的箱体内部设有便于维护的检修门，方便对内部元件进行检查、维修和更换，减少维护工作的难度和时间。

5. 应用灵活

箱式变压器可以根据不同的电力需求和环境条件进行定制，具有多种容量和电压等级可选，适用于各种工业、商业和住宅等场所的电力配电系统。

6. 可移动性强

由于箱式变压器具有独立的箱体结构，其重量相对较轻，可以设计成可移动式或可拆卸式，方便运输和安装。

光伏工程中常用的箱式变压器包括美式箱变、欧式箱变和华式箱变。欧式箱变由于箱变内部装有开关柜和变压器，所以本身体积较大。美式箱变由于采用了一体式安装，所以本身体积较小。华式箱变采用集装箱式一体机，产品体积比美式箱变大。

5.3.3 安装要求

①安装位置：选择坚实、平整的基础，并满足变压器的安装尺寸和周围空间要求。

②火灾安全：安装位置应远离易燃物，确保变压器周围没有易燃或易爆物品。

③通风要求：提供良好的通风条件，确保变压器的散热效果和运行稳定性。

④接地：确保变压器的良好接地，符合当地的电气接地标准和规范。

⑤油污染防护：采取必要的措施防止油污染，例如安装油池、油防护装置等。

⑥安全距离：遵守变压器供应商提供的安全距离要求，确保变压器周围有足够的安全区域。

学习笔记栏

⑦电气接线要求：

- 电缆线进出箱变应标明用电回路名称，并在箱门内设有系统图和文件夹，以便维护人员进行检修记录。
- 线路（电缆等）进出交流汇流箱可在揭盖处开圆孔，采用专用电缆护套头。
- 箱变高低压室内配线应分清颜色并排列整齐，绑扎成束，装有器具的门有明显可靠的裸软铜线接地。出线的断路器应标明回路名称、部位。

⑧设备安装误差允许偏差应符合规定，见表5-8。

表5-8 箱变安装允许误差

项　　目	允许偏差	
	mm/m	mm/全长
不直度	1	5
水平度	1	5
不平行度	—	5

5.3.4 安装工序

1. 基础检查

根据设计要求，检查基础的施工，包括基础的浇筑和固定设施的安装。

2. 开箱检查

按设备清单、施工图纸及设备技术文件核对变压器规格型号应与设计相符，附件与备件齐全无损坏。

3. 二次转运

箱变通常较重，需要使用合适的起重设备进行运输和吊装。在运输和吊装过程中，需要确保安全可靠，避免损坏箱变。

4. 安装就位

将箱变放置在基础上，并进行准确定位，确保箱变的位置和方向正确。箱变就位可用吊车直接吊装就位。就位时，应注意其方位和距边线尺寸应与设计要求相符。

5. 电气接线

根据设计要求，进行高压侧和低压侧的接线连接，确保接线牢固可靠。在接线过程中，注意绝缘处理和绝缘测试。

箱变的一、二次接线、地线、控制导线均应符合相应的规定，油浸变压器附件的控制导线，应采用具有耐油性能的绝缘导线。

变压器的低压侧中性点必须直接与接地装置引出的接地干线连接，箱体、支架或外壳应接地（PE），且有标识。所有连接必须可靠，紧固件及防松零件齐全。

6. 交接试验

①绝缘油试验或SF_6气体试验。

学习笔记栏

②测量绕组连同套管的直流电阻。

③检查所有分接的电压比。

④检查变压器的三相连接组别。

⑤测量铁芯及夹件的绝缘电阻。

⑥测量绕组连同套管的绝缘电阻、吸收比。

⑦绕组连同套管的交流耐压试验。

⑧额定电压下的冲击合闸试验。

⑨检查相位。

7. 送电前的检查

①各种交接试验单据齐全，数据符合要求。

②变压器应清理、擦拭干净，顶盖上无遗留杂物，本体、冷却装置及所有附件应无缺损，且不渗油。

③变压器一、二次引线相位正确，绝缘良好。

④接地线良好且满足设计要求。

⑤通风设施安装完毕，工作正常，事故排油设施完好，消防设施齐备。

⑥油浸式变压器油系统油门应打开，油门指示正确，油位正常。

⑦油浸式变压器的电压切换装置及干式变压器的分接头位置放置正常电压挡位。

⑧保护装置整定值符合规定要求；操作及联动试验正常。

8. 送电试运行

①变压器第一次投入时，可全压冲击合闸，冲击合闸宜由高压侧投入。

②变压器应进行5次空载全压冲击合闸，应无异常情况；第一次受电后，持续时间不应少于10 min；全电压冲击合闸时，励磁涌流不应引起保护装置的误动作。

③油浸变压器带电后，检查油系统所有焊缝和连接面不应有渗油现象。

④变压器并联运行前，应核对好相位。

⑤变压器试运行要注意冲击电流，空载电流，一、二次电压，温度，并做好试运行记录。

⑥变压器空载运行，无异常情况，方可投入负荷运行。

5.4 排列整齐敷电缆

电缆的结构主要有三个部分，即线芯、绝缘层和保护层，保护层又分为内保护层和外保护层。电气工程中应用最广泛的是电力电缆。

电力电缆是用以传输和分配电能的产品。常用的电力电缆，按其线芯材质分为铜芯和铝芯两大类。按其采用的绝缘材料分为聚氯乙烯绝缘电力电缆、交联聚乙烯绝缘电力电缆、橡胶绝缘电力电缆和油浸纸绝缘电力电缆等。具有聚氯乙烯绝缘或聚氯乙烯护套的电缆，安装时的环境温度不宜低于0℃。

常见的电力电缆型号及名称见表5-9。

学习笔记栏

表5-9　电缆型号含义

型　号	名　称
VV/VLV	聚氯乙烯绝缘聚氯乙烯护套铜芯/铝芯电力电缆
YJV	交联聚乙烯绝缘聚氯乙烯护套铜芯电力电缆
YJV_{22}	交联聚乙烯绝缘聚氯乙烯护套内钢带铠装铜芯电力电缆
$YJV_{32(42)}$	交联聚乙烯绝缘聚氯乙烯护套细（粗）钢丝铠装铜芯电力电缆
YJY	交联聚乙烯绝缘聚乙烯护套铜芯电力电缆
YJFE	辐照交联聚乙烯绝缘聚烯烃护套铜芯电力电缆

5.4.1　电缆敷设要求

1. 直埋敷设

①直埋电缆的埋深应不小于0.7 m，穿越农田时应不小于1 m。在引入建筑物、与地下建筑物交叉及绕过地下建筑物处可浅埋，但应采取保护措施。

②直埋电缆一般使用铠装电缆。在铠装电缆的金属外皮两端要可靠接地，接地电阻不得大于10 Ω。

③电缆敷设后，上面要铺100 mm厚的软土或细沙，再盖上混凝土保护板，覆盖宽度应超过电缆两侧以外各50 mm，或用砖代替混凝土保护板。

④直埋电缆在直线段每隔50~100 m处、电缆接头处、转弯处、进入建筑物等处，应设置明显的方位标志或标桩。

⑤电缆中间接头盒外面要有铸铁或混凝土保护盒。接头下面应垫以混凝土基础板，长度要伸出接头保护盒两端600~700 mm。

⑥电缆引入建筑物、隧道时，要穿在管中，并将管口堵塞，防止渗水。

⑦电缆互相交叉，与非热力管和管道交叉，穿越公路时，都要穿在保护管中，保护管长度超出交叉点1 m，交叉净距不应小于250 mm，保护管内径不应小于电缆外径的1.5倍。

⑧严禁将电缆平行敷设于管道的上方或下方。

2. 电缆沟或隧道内敷设

①电力电缆和控制电缆不应配置在同一层支架上。

②控制电缆在普通支架上，不宜超过1层；桥架上不宜超过3层。

③高低压电力电缆、强电与弱电控制电缆应按顺序分层配置，一般情况宜由上而下配置。

④交流三芯电力电缆，在普通支吊架上不宜超过一层，桥架上不宜超过2层。

⑤交流单芯电力电缆，应布置在同侧支架上，当按紧贴的正三角形排列时，应每隔1 m用绑带扎牢。

⑥电缆敷设完毕后，应及时清除杂物，盖好盖板。必要时还应将盖板缝隙密封。

学习笔记栏

3. 排管敷设

(1) 电缆排管的敷设

①电缆排管可用钢管、塑料管、陶瓷管、石棉水泥管或混凝土管，但管内必须光滑。

②按需要的孔数将管子排成一定形式，管子接头要错开，并用混凝土浇成一个整体，一般分为2、4、6、8、10、12、14、16孔等形式。

③孔径一般应不小于电缆外径的1.5倍，敷设电力电缆的排管孔径应不小于100 mm，控制电缆孔径应不小于75 mm。

④埋入地下排管顶部至地面的距离，人行道上应不小于500 mm；一般地区应不小于700 mm。

⑤在直线距离超过100 m、排管转弯和分支处都要设置排管电缆井；排管通向井坑应有不小于0.1%的坡度，以便管内的水流入井坑内。

⑥敷设在排管内的电缆，应采用铠装电缆。

(2) 电缆保护管的敷设

①在电缆进入建筑物、隧道，穿过楼板及墙壁处，从地面引至电杆、设备、墙外表面或行人容易接近处，距地面高度2 m以下的一段，其他可能受到机械损伤的地方应有一定机械强度的保护管或加装保护罩。

②保护管埋入非混凝土地面的深度不应小于100 mm，伸出建筑物散水坡的长度不应小于250 mm。

5.4.2 电缆敷设工序

1. 准备工作

①进行现场勘测和测量，确定电缆敷设的路径和长度。

②准备电缆敷设图纸和设计方案。

③确定所需的电缆种类、规格和数量。

④清理敷设区域，确保没有障碍物和危险物。

⑤确定电缆敷设的支架、固定设备和保护设施。

⑥检查电缆和附件的完整性和质量，确保符合要求。

2. 电缆敷设

①进行电缆的铺设和安装，包括将电缆沿预定路径敷设，并保持适当的张力。

②人工施放时必须每隔1.5~2 m放置滑轮一个，电缆端头从线盘上取下放在滑轮上，再用绳子扣住向前拖拽，不得把电缆放在地上拖拉。

③用机械敷设电缆时，应缓慢前进，一般速度不超过15 m/min，牵引头必须加装钢丝套。长度在300 m以内的大截面电缆，可直接绑住电缆芯牵引。敷设时不得损坏保护层。

④用机械敷设电缆时的最大牵引强度应符合相关规定。充油电缆总拉力不应超过27 kN。

⑤穿入管中的电缆应符合设计要求，交流单芯电缆不得单独穿入钢管内。

⑥电缆敷设的最小弯曲半径应符合规定，见表5-10。

表5-10　电缆最小转弯半径

电缆类型	最小弯曲半径（D：电缆外径）
控制电缆（多芯）	$10D$
钢铠护套	$20D$
聚氯乙烯绝缘电力电缆	$10D$

3. 电缆头制作

电缆头的制作包括剥离电缆外皮，将电缆的导线与连接器相连，并进行绝缘处理和密封，确保电缆头的连接可靠和防水性能良好。电缆头的制作需要遵循相关的制作标准和要求，以确保电缆连接的可靠性和安全性。

4. 挂电缆标示牌

在电缆敷设的过程中，为了便于后续的维护和管理，常常需要挂载电缆标示牌。电缆标示牌用于标识电缆的编号、用途、规格等重要信息，方便对电缆进行识别和管理。标示牌通常安装在电缆附近的支架上，确保标示清晰可见，并固定牢固。

①在电缆终端头、电缆接头、拐弯处、夹层内、隧道及竖井的两端、入井内等地方，电缆上应装设标志牌。

②标志牌上应注明线路编号，标志牌的字迹应清晰不易脱落，应写明电缆型号、规格及起讫地点。并联使用的电缆应有顺序号。

③标志牌规格宜统一，标志牌应能防腐，挂装应牢固。

5. 绝缘电阻测试

①1 kV及以上的电缆可用2 500 V的兆欧表测量其绝缘电阻。不同电压等级电缆的最低绝缘电阻值应符合规定。

②电缆线路绝缘电阻测量前，用导线将电缆对地短路放电。当接地线路较长或绝缘性能良好时，放电时间不得少于1 min。

③测量完毕或需要再测量时，应将电缆再次接地放电。

④每次测量都需记录环境温度、湿度、绝缘电阻表电压等级及其他可能影响测量结果的因素，对测量结果进行分析、比较，正确判断电缆绝缘性能的优劣。

6. 耐压试验

电缆耐压试验应至少两人进行，准备好兆欧表、耐压机、操作箱、调压器、试验导线等主要仪表、仪器，并进行检查，确认仪表、仪器完好；准备好活口扳手、改锥、钳子等试验工具及试验单；而耐压试验时间为15 min，试验时分4~6个阶段均匀升压，每阶段停留1 min，读取泄漏电流，如发现有下列现象时，电缆可能有缺陷，应进行处理。

①泄漏电流不稳定。

学习笔记栏

②泄漏电流随试验电压升高而急剧上升。

③泄漏电流随时间延长有上升现象。

5.4.3 桥架安装

1. 安装要求

安装位置：根据电缆布线计划和建筑结构，确定电缆桥架的安装位置，确保电缆布线的合理性和方便性。

材料选择：选择适当的电缆桥架材料，考虑环境条件、电缆数量和质量等因素，并确保材料符合相关标准和要求。

安全要求：确保电缆桥架安装牢固、稳定，不影响建筑结构的安全性和稳定性。

2. 安装工序

（1）弹线定位

根据设计图纸确定电缆桥架的安装位置，从始端至终端找好水平线或垂直线，用墨线沿屋面等处，沿线路的中心线弹线。按照设计图要求及施工验收规定，均分档距，并用记号笔标出具体位置。

（2）支架安装

①支架应平直，无扭曲。下料后长短偏差应在5 mm范围内，切口处应无卷边、毛刺。

②桥架夹具架与横担应安装牢固，无显著变形，焊缝均匀平整，焊缝长度应符合要求，不得出现裂纹、咬边、气孔、凹陷、漏焊、焊漏等缺陷，焊后应做好防腐处理。

③固定桥架的夹具支点间距一般不大于1.5～2 m。在进出接线盒、箱、柜、转角、转弯和变形缝两端及丁字接头的三端500 mm以内应设置固定支撑点。

④桥架支架距屋面彩瓦高度不应小于50 mm。

⑤各支架的用层横档应在同一水平面上，其高低偏差不应大于5 mm，托架沿桥架走向的偏差不应大于10 mm。

（3）桥架安装

①桥架应平整，无扭曲变形，内壁无毛刺，附件齐全。

②桥架直线段连接采用连接板，用垫圈、弹簧垫、螺母紧固，螺母应位于梯架的外侧。接口缝隙严密平齐，槽盖装上后应平整，无翘角，出线口的位置正确。

③桥架进行交叉、转弯、丁字连接时，应采用单通、二通、三通等进行变通连接。末端应加装封堵。

（4）保护接地

桥架全长均应有良好的接地。

5.4.4 防火封堵安装

学习笔记栏

1. 施工准备

(1) 材料准备

统计安装位置、安装方式，确定所需的有机堵料、无机堵料、耐火隔板、防火涂料、防火包及具有相应耐火等级的安装附件的数量，进行材料的准备工作。材料到货后进行外观检查，有机堵料不氧化、不冒油、软硬度适度。无机堵料不结块、无杂质；防火隔板平整光洁、厚度均匀。

(2) 技术准备

核对施工图，确认各类的封堵方式符合设计及规范要求；防火封堵材料必须具有国家防火建筑材料质量监督检验测试中心提供的合格检测报告，并通过省级以上消防主管部门鉴定，并取得消防产品登记备案证书。

(3) 人员组织

技术人员，安全、质量负责人，施工人员。

(4) 机具准备

加热设备；小型手持式切割机；支架、防火材料等安装所需的工器具等。

2. 盘柜封堵

①在孔洞底部铺设厚度为 10 mm 的防火板，在孔隙口及电缆周围采用有机堵料进行密实封堵，电缆周围的有机堵料厚度不得小于 20 mm。

②用防火包填充或无机堵料浇筑，塞满孔洞。

③在孔洞底部防火板与电缆的缝隙处做线脚，线脚厚度不小于 10 mm，电缆周围的有机堵料的宽度不小于 40 mm。

④盘柜底部以 10 mm 防火隔板进行封隔，隔板安装平整牢固，安装中造成的工艺缺口、缝隙使用有机堵料密实地嵌于孔隙中，并做线脚，线脚厚度不小于 10 mm，宽度不小于 20 mm，电缆周围的有机堵料的宽度不小于 40 mm，呈几何图形，面层平整。

⑤防火板不能封隔到的盘柜底部空隙处，以有机堵料严密封实，有机堵料面应高出防火隔板 10 mm 以上，并呈几何图形，面层平整。

⑥在预留的保护柜孔洞底部铺设厚度为 10 mm 的防火板，在孔隙口有机堵料进行密实封墙，用防火包填充或无机堵料浇筑，塞满孔洞。在预留孔洞的上部再采用钢板或防火板进行加固，以确保作为人行通道的安全性，如果预留的孔洞过大应采用槽钢或角钢进行加固，将孔洞缩小后方可加装防火板（孔洞的规格应小于 400 mm×400 mm）。

3. 电缆保护管、二次接线盒

①电缆管口采用有机堵料严密封堵，管径小于 50 mm 的堵料嵌入的深度不小于 50 mm，露出管口厚度不小于 10 mm 随着管径增加，堵料嵌入管子的深度和露出的管口的厚度也相应增加，管口的堵料要成圆弧形。

学习笔记栏

②二次接线盒留孔处采用有机堵料将电缆均匀密实包裹，在缺口、缝隙处使用有机堵料密实地嵌于孔隙中，并做线脚，线脚厚度不小于 10 mm，电缆周围的有机堵料的宽度不小于 40 mm，呈几何图形，面层平整。对于开孔较大的二次接线盒，还应加装防火板进行隔离封堵，封堵要求同盘柜底部。

4. 质量验收

①包括施工设计图纸、设计变更、施工安装记录、产品说明书及合格证等。

②防火隔板安装牢固，无缺口、缝隙外观平整；有机堵料封堵严密牢固，无漏光、漏风裂缝和脱漏现象，表面光洁平整；无机堵料封堵表面光洁、无粉化、硬化、开裂等缺陷；阻火包堆砌采用交叉堆砌方式，且密实牢固，不透光，外观整齐；防火涂料表面光洁、厚度均匀。

5.5 安全可靠布接地

防雷接地工程是保证光伏电站安全运行的重要环节。

对于屋顶电站，由于建筑物在建设时已经布置了接地网，因此在屋顶增设接闪网，并搭接至建筑物已有接地网即可，如果经过测试，接地电阻不满足要求，则需增设接地极，直至满足设计要求。

对于地面电站，在光伏方阵场地内设置接地网，接地网采用人工接地极，同时充分利用光伏支架基础的金属构件。光伏方阵的接地保证连续、可靠，接地电阻满足要求。

对于有升压站的光伏电站，接地系统在升压站建设时统一纳入施工，本节只讨论光伏方阵厂区接地系统。

5.5.1 安装准备

1. 材料准备

施工前，防雷接地施工材料均已到货，验收合格。常用的接地材料包括用于接地网的镀锌扁钢，作为接地极的镀锌角钢或圆钢，以及用于组件间做等电位连接的黄绿线等。某一光伏项目的接地材料见表 5-11。

表 5-11 防雷接地材料

序号	材料名称	型号	单位	数量	备注
1	水平接地网	−50×5 镀锌扁钢	m	6 000	
2	垂直接地极	$L50×50×5$ $L=2\ 500$ mm	根	80	
3	光伏组件接地线	接地线 BVR-4~6 mm^2	m	7 000	
4	设备接地线	接地线 BVR-25 mm^2	m	100	

2. 作业人员配置

根据工期合理安排施工人员，主要包括电工、技术人员、焊工、安装工等。

某地面光伏电站防雷接地安装人员配置见表5-12。

学习笔记栏

表5-12 组件安装人员配置表

序号	工种或岗位	人数	资质要求
1	电工	4人	电工证
2	焊工	2人	焊工证
3	技术员	4人	熟悉图纸及施工工艺
4	安装工	10人	有安装经验

3. 作业工具准备

光伏安装的主要工具有：卷尺、电焊机、电工工具、切割机、磨光机、钻孔机、接地电阻测试仪等。

某光伏项目组件安装作业主要工具见表5-13。具体工具与数量根据实际项目调整。

表5-13 施工作业工具

序号	名称	单位	数量
1	5 m卷尺	把	5
2	电焊机	台	2
3	手电钻	把	10
4	切割机	台	2
5	磨光机	台	1
6	钻孔机	台	1
7	接地电阻测试仪	块	2

5.5.2 安装要求

①垂直接地极应垂直打入地下，其顶端距地面约0.7 m，垂直接地极间距不小于5 m以防止相互屏蔽；水平接地线埋深不小于0.8 m。与沟道交叉处应将接地干线局部埋深穿过沟底，切勿使接地干线断开。

②室外接地网距建筑物外墙为不小于1.5 m，且尽量躲开管沟道。距围墙距离不宜小于1.0 m。

③所有接地网外缘各角应做成圆弧形。

④屋面避雷网、避雷引下线和变配电室接地干线敷设施工须满足设计图纸要求。

⑤建筑物顶部的避雷针、避雷带等必须与顶部外露的其他金属物体连成一个互通的电气通路，且与避雷引下线可靠连接。

⑥明敷的引下线应平直、无急弯，与支架焊接处需要采用油漆防腐。

⑦当利用金属构件、金属管道做接地线时，应在构件或管道与接地干线间焊接金属跨接线。

⑧明敷的接地引下线、室内接地干线的支持件间距应均匀，水平直线部分0.5~1.5 m；垂直部分1.5~3 m；弯曲部分0.3~0.5 m。

⑨接地线在穿越墙壁、楼板处应加套钢管或其他坚固的保护套管，钢套管应与接地线电气连通。

⑩圆钢的搭接长度应大于其直径的六倍（直径不同时，以直径大的为准），双面施焊；扁钢的搭接长度应大于其宽度的两倍（宽度不同时，以宽的为准），三面施焊；扁钢与圆钢连接时，其搭接长度应大于圆钢直径的六倍，双面施焊；除埋设在混凝土中的焊接接头外，其他均应有防腐措施。

5.5.3 安装工序

光伏区的防雷接地工程可以分成光伏方阵接地网安装、组件及支架接地安装、设备接地安装、接地电阻测试。

1. 接地网安装（地面电站）

对于地面电站，在光伏方阵区的地面，设立接地网。光伏支架与场区接地网连接进行直击雷保护。

（1）接地沟开挖

在已平整完后光伏区域，根据主接地网的平面图标及平面尺寸，用白石灰粉对主接地网敷设位置测量放样，在道路路基、排水开挖同步进行。

接地网地沟的开挖采用开槽机或挖掘机和人工相结合的开挖方式，按着800 mm埋深深度进行接地沟开挖，接地沟完后直接按垂直接地及的布置图直接钻孔；

接地沟按分区域进行开挖（钻孔），绘出接地装置的实际施工布置图。

（2）垂直接地体加工及安装

按照设计要求的长度进行垂直接地体的加工，下端部应加工成锥形，在距离管口120 mm长的一段，锯成四块锯齿形，尖端向内打合焊接而成，其切割面在埋设前需进行防腐处理。为避免垂直接地体安装时，上部敲击部位的损坏，在其端部敲击部位套一个敲击保护帽。

垂直接地体与水平接地体搭接处的焊接，在垂直接地体未埋入接地沟之前在垂直接地体上焊接一段水平接地体，水平接地体必须预制成弧形或直角形与垂直接地体进行搭接。

垂直接地体上端的埋入深度必须满足大于600 mm，垂直接地体的间距应不能小于5 m。

垂直接地体安装结束后，在上端敲击部位进行防腐处理。

（3）主接地网敷设与防腐

主接地网的埋设深度应达到设计的埋深要求，水平接地扁钢以竖立敷设为宜。

主接地网的连接方式应符合设计要求，采用焊接，焊接必须牢固、无虚焊。

焊接结束后，及时去除焊接部位残留的焊药、焊渣，表面除锈后应在焊痕处100 mm内做防腐处理，然后涂刷两遍环氧煤焦油沥青漆。

镀锌钢材在镀锌层破坏处、钢材的切断面、扁钢弯曲、钻孔处必须进行防腐处理。

学习笔记栏

(4) 隐蔽工程验收及回填

接地网的某一区域施工结束后，应及时进行回填土工作。在接地沟回填土前必须经过监理人员的验收签证，合格后方可进行回填工作，同时做好隐蔽工程的记录。

回填土内不得夹有石块和建筑垃圾，外取的土壤不得有较强的腐蚀性，回填土应分层夯实。

2. 接闪网安装（屋顶电站）

屋面接闪网一般采用热镀锌扁钢或圆钢将组件方阵四周连接成环，并与原建筑防雷网可靠连接。

(1) 扁铁加工

对于屋顶电站，因为接地材料敷设在屋顶，因此应现根据图纸设计，将接地材料提前预制，再吊装至屋顶。根据材料的敷设位置，测量准确长度，提前按规格加工。

由于部分屋顶，如彩钢瓦屋顶，禁止在屋面做动火作业，应尽量减少焊接作业，因此扁铁之间的搭接优先选择用螺栓连接，因此应提前根据连接位置进行预打孔（见图 5-8）。

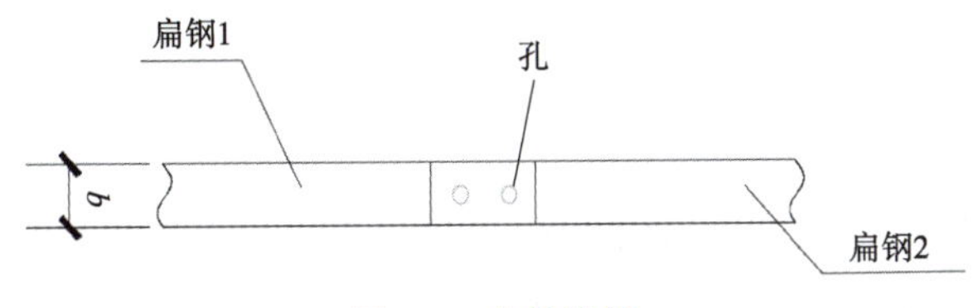

图 5-8 扁铁搭接

(2) 接地网敷设与防腐

接地材料吊装至屋面后，及时分散。按照定位要求及时敷设。扁铁之间通过螺栓搭接后，应做防腐处理。

(3) 与建筑接闪网连接

对于屋顶电站，往往不需要单独再设立接地网。原有建筑在屋顶设置了接闪网，并通过引下线连接至接地系统。因此，通过将光伏电站新敷设的接地网连接至原有建筑防雷接闪网即可（见图 5-9）。连接点的数量必须满足设计图纸要求。

图 5-9 接地网与建筑防雷网连接

学习笔记栏

3. 组件及支架接地线接

光伏组件通过其金属边框上的接地孔，与相邻组件（或支架）经过 BVR 黄绿接地线连接，形成等电位连接体，方阵最外侧的组件通过接地线与支架相连，组件接地连接见图 5-10。

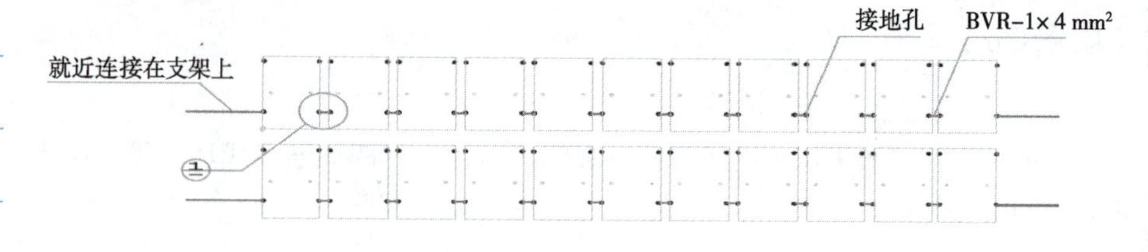

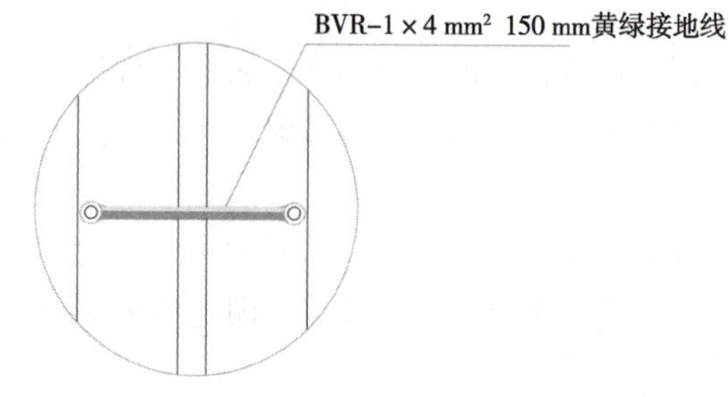

图 5-10 组件接地连接

单块组件安装完成后通过将接地线接好，通过配套的螺栓将接地线与组件连接牢固。

单个方阵的组件最后将接地线连接至支架。支架通过接地线或接地扁钢与屋顶接闪网或地面接地连接。与屋面接闪网的连接主要通过黄绿接地线，采用在支架打孔并通过螺栓连接。

对于地面电站，则可通过接地扁铁连接至接地网，扁铁之间通过焊接连接（见图 5-11）。

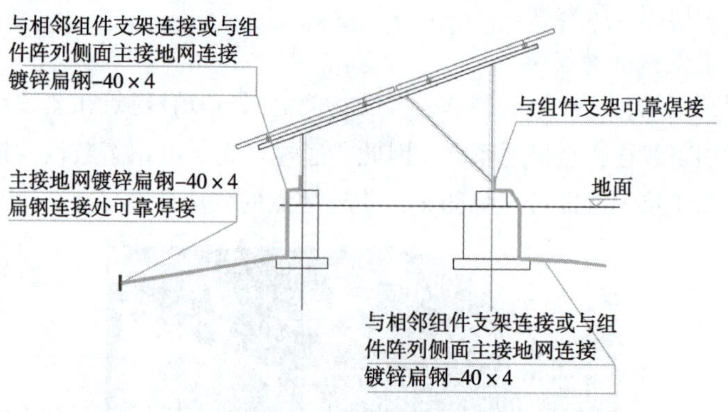

图 5-11 支架接地连接

4. 设备接地

与组件及支架接地一样，光伏电站所有的电气设备均需通过接地线连接至接地端子，电气设备的支架或外壳通过接地扁钢连接至接地网，接地点不少于 2 点。

学习笔记栏

5. 接地试验

接地扁铁安装均应刷防腐漆，颜色为黄绿相间。

接地工程完成以后，用接地电阻测试仪测试光伏区进行接地电阻。设计未做特别说明时，接地电阻要求为不大于4 Ω。有设计说明时以设计要求为标准。接地网施工完成后，如实测达不到要求，可增加垂直接地极，或者使用化学降阻剂等方法，直到达到要求为止。

习　题

习题答案

一、填空题

1. 光伏电站逆变器可以分为集中式逆变器、________。
2. 电缆直埋时，埋地深度应≥________。
3. 桥架内电缆填充率一般应≤________。
4. 变压器根据冷却方式不同可以分为油浸式变压器、________。
5. 设计无说明时，光伏电站系统电阻应≤________。

二、判断题

1. 相比集中式逆变器，组串式逆变器更灵活，可以适应不同规模的光伏系统，从几千瓦到几兆瓦不等。（　　）
2. 光伏组件之间的正负极不允许短接。（　　）
3. 干式变压器适用于大功率、高过载能力和恶劣环境的场合，而油浸式变压器适用于小功率、室内、对安全性要求高以及环境友好的场合。（　　）
4. 防火隔板安装牢固，无缺口、缝隙外观平整。（　　）
5. 电气设备外壳应有明显可靠的PE保护地线（PE保护地线为黄绿相间的双色线）。（　　）

光伏电站系统调试与验收

学习导航

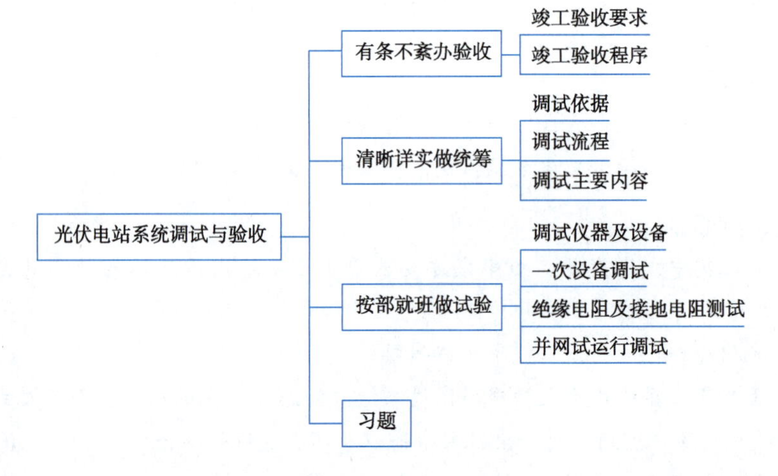

引　言

光伏电站工程施工完毕后，要进行设备调试、项目验收，合格后由施工单位移交至建设单位。本章主要介绍光伏电站系统调试与验收，从验收顺序、步骤及要求等方面进行了详细阐述，便于理解和掌握光伏电站验收过程。

学习目标

1. 掌握光伏电站主要电气设备验收记录表格。
2. 掌握光伏电站调试与验收主要程序。
3. 掌握验收时检测的项点与要求。
4. 培养学生有始有终的态度，从验收流程了解光伏施工最后一道关。

6.1　有条不紊办验收

施工项目竣工验收由项目建设单位组织。建设单位在接到承包商竣工验收申请后，要及时组织监理单位、设计单位、施工单位及使用单位等有关单位组成验收小组，依据设计文件、施工合同和国家颁发的有关标准规范，进行验收。

学习笔记栏

6.1.1　竣工验收要求

①项目已按要求完成设计和合同约定的各项内容。

②有完整的技术资料和施工管理资料。有工程使用的主要建筑材料、建筑构配件和设备的进场试验报告。

③设计单位已汇制竣工图；有勘察设计、施工、监理等单位分别签署的质量合格文件。

④施工单位向建设单位移交工程建设技术文件，并出具由施工单位签署的工程保修书。

⑤工程监理单位按要求向建设单位移交监理文件。

⑥其他竣工验收条件还应包括：

主体工程、辅助工程和公用设施，基本按设计文件要求建成，能够满足生产或使用的需要。

电站试运行合格，能按预期发电。

环境保护、消防、劳动安全卫生达到国家和地方规定的要求；且工程质量、环境保护、消防、安全、职业卫生、劳动保护、节能、档案等已通过专项验收、核查、评定，可同时交付使用。

⑦编制完成竣工决算报告。

⑧建设项目的档案资料齐全、完整，符合有关建设项目档案验收规定。

6.1.2　竣工验收程序

1. 竣工验收的准备工作

①施工项目竣工验收前的工作：

施工单位项目经理要组织有关人员进行查项，看有无遗漏未安装到位的情况，发现漏项情况，必须确定专人逐项解决。

对已经全部完成的部位，要组织清理，做好成品保护，防止损坏和丢失。

拆除施工现场的各项临时设施、临时管线，组织材料及各种物资的回收退库工作。

做好电气线路各种管道的检查，完成电气工程设备的各项试验。

②整理竣工资料、绘制竣工图，整理工程档案资料、档案移交清单。

③编制竣工结算。

④准备工程竣工通知书、工程竣工报告、工程竣工验收证明书、工程保修证书。

⑤对检查出的问题及时进行整改完善。

⑥准备好质量评定的各项资料，按机电专业对各个施工阶段所有的质量检查资料，进行系统的整理。

学习笔记栏

2. 竣工预验收

①施工单位竣工预验收的标准应与正式验收一样，依据国家或地方的规定以及相关标准的要求，查看工程是否符合施工图纸和设计的使用要求，工程质量是否符合国家和地方政府部门的规定及相关标准要求，工程是否达到合同规定的要求和标准等。

②参加竣工预验收的人员，应由项目经理组织生产、技术、质量、合同、预算及有关施工人员等共同参加。

③竣工预验收的方式，按照各自的主管内容逐一进行检查，在检查中要做好记录。对不符合要求的部位和项目，确定修补措施和标准，并指定专人负责，定期修理完成。

④进行竣工预验收的复验。施工单位在自我检查整改的基础上，解决预验收中的遗留问题，为正式验收做好准备。

3. 正式竣工验收

施工单位向建设单位送交验收申请报告，建设单位收到验收报告后，应根据工程施工合同、验收标准进行审查，确认工程全部符合竣工验收标准，具备了交付使用的条件后，应由建设单位组织，设计、监理及施工单位共同对工程项目进行正式竣工验收。

①施工单位向建设单位发出《竣工验收通知书》。

②由建设单位组织设计、监理、施工及有关方面共同参加，列为国家重点工程的大型建设项目，由国家有关部委，邀请有关方面参加，组成工程验收委员会，进行验收。

③签发《工程竣工验收报告》并办理工程移交。在建设单位验收完毕并确认工程符合竣工标准和合同条款规定要求后，向施工单位签发《竣工验收证明书》。

④进行工程质量评定。

⑤办理工程档案资料移交。

⑥办理工程移交手续。

6.2 清晰详实做统筹

6.2.1 调试依据

光伏电站的调试试验主要工作包括光伏电站所有电气设备调试、和并网调试。

所有电气一次设备按 GB 50150—2016《电气装置安装工程 电气设备交接试验标准》进行调试，对于规范中没有规定的设备可参照制造厂家产品要求执行。

二次系统按 DL/T 995—2016《继电保护和电网安全自动装置检验规程》中要求调校、检验，特殊保护装置参照出厂产品技术条件进行调校。

并网调试按 Q/GDW 617—2011《光伏电站接入电网技术规定》进行调试。

6.2.2 调试流程

学习笔记栏

光伏电站调试过程中需要先进行绝缘，接地电阻测试后方可进行设备调试、所有设备调试完成后方可进行并网调试，并网调试后进行试运行调试工作，其中设备的测试顺序流程图见图6-1。

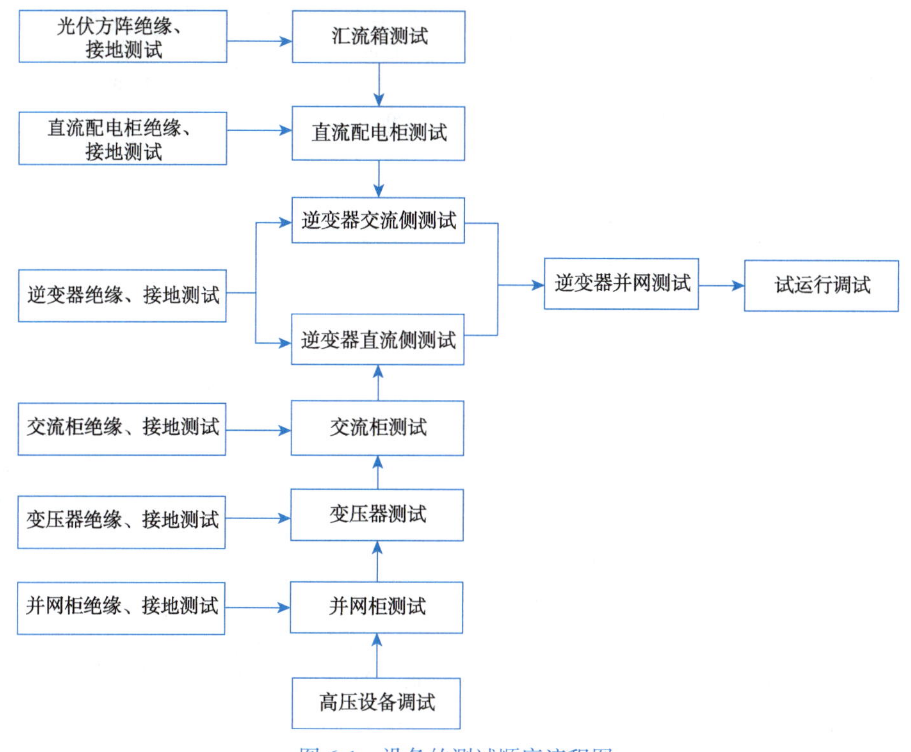

图6-1 设备的测试顺序流程图

6.2.3 调试主要内容

光伏电站调试内容见表6-1，主要包括一次电气设备检查与试验、绝缘电阻测试、接地电阻测试、并网测试、高压电气设备性能测试、电能质量测试、监控与通信、电站的启动运行特性、功率控制和电压调节、输出功率特性测试等。

表6-1 光伏电站调试工作内容

序号	试验项目		试验参入方	试验时期	调试阶段	备注
1	一次电气设备检查与试验	并网柜	分包单位、总包单位	各设备试验时	设备调试	
		交流配电柜				
		直流配电柜				
		防雷汇流箱				
		逆变器				
		变压器				
		其他一次设备				

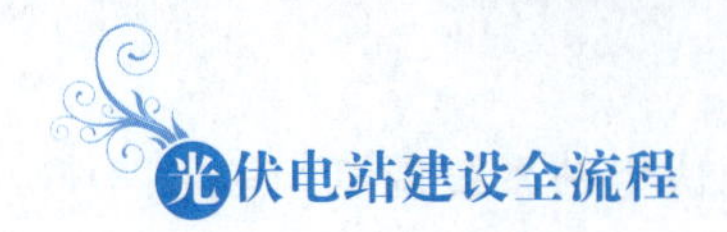

学习笔记栏

续表

序号	试验项目		试验参入方	试验时期	调试阶段	备注
2	绝缘电阻测试	绝缘电阻	分包单位测试、总包单位旁站	各设备通电测试前	绝缘测试	
3	接地电阻测试		分包单位测试、总包单位旁站	各设备通电测试前	接地测试	
4	并网测试	电压异常时的响应特性	逆变器供应商、总包单位配合	逆变器并网测试	逆变器并网测试	
		频率异常时的响应特性				选做
		恢复并网保护				
		过电流与短路保护				选做
		防孤岛效应				选做
		防反放电保护				选做
		并网断路器保护				选做
		升压变保护				选做
		电网侧保护				选做
		逆功率保护				选做
5	高压电气设备性能测试	变压器	设备供应商、总包单位	高压设备调试	设备调试	10 kV及以上并网电站适用
		断路器				
		隔离开关				
		避雷器				
6	电能质量测试	电压偏差	逆变器供应商、总包单位	并网试运行	试运行	
		谐波和波形畸变				
		电压波动和闪变				
		电压不平衡度				
		直流分量				
7	监控与通信	监控系统	供应商、总包单位配合	试运行	试运行	
		通信装置				
8	电站的启动运行特性		逆变器供应商、总包单位	试运行		
9	功率控制和电压调节	有功功率控制	第三方电力检测机构	试运行		
		电压/无功调节				
		启动和关机				
10	输出功率特性测试		第三方电力检测机构	试运行		

6.3　按部就班记试验

学习笔记栏

6.3.1　调试仪器及设备

常用的调试仪器及设备见表 6-2。

表 6-2　光伏电站调试仪器仪表

序号	仪器名称	型号/编号	数　量	备　注
1	兆欧表		1	
2	万用表		2	
3	钢卷尺		1	
4	示波器		1	
5	电能质量分析仪		1	
6	接地电阻检测装置		1	
7	绝缘耐压测试装置		1	
8	电流钳		3	
9	相序表		1	
10	辐照测试仪		1	
11	对讲机		4	

6.3.2　一次设备调试

1. 汇流箱和光伏电池方阵调试

此项工作主要包括汇流箱的检查及测试、光伏电池方阵开路电压测试两项。测试完成后，按格式填写表 6-3。

(1) 汇流箱的检查

①产品功能满足设计要求。

②产品外观无破损、划痕。

③观察汇流箱下雨后有无进水和灰尘。

④汇流箱箱体通过电缆可靠接地。

⑤汇流箱接线端子无松动，采用铜质零件。

⑥汇流箱中的断路器应能灵活开关。

⑦汇流箱及内部防雷模块接地牢固、可靠，且导通良好。

(2) 电池方阵开路电压测试

方阵开路电压测试前应具备下列条件：

①汇流箱内的熔断器、开关应断开。

②辐照度宜在高于或等于 400 W/m^2 的条件下测试。

方阵开路电压检测应符合下列要求：

①组串极性正确。

②相同测试条件下的同一汇流箱的光伏组串之间的开路电压偏差不大于 2%

学习笔记栏

（最好控制在1%以内）。

③在发电情况下使用钳形万用表对汇流箱内光伏组串的电流进行检测，相同测试条件下且同一汇流箱的光伏组串之间的电流偏差不应大于5%。

表6-3 汇流箱及光伏方阵开路电压测试记录表

工程名称：			
汇流箱编号：	生产厂家：	测试日期：	天气情况：
类别	检测项目	检测结果	备注
本体检查	功能检查		功能是否满足设计要求
	外观检测		
	内部清理检查		
	内部元器件检查		关键元器件是否与产品手册一致
	连接件及螺栓检查		
	接地检查		
	防水检测		
	孔洞阻燃封堵		
通信检测	通信检测		
输入侧检测	电缆型号		
	电缆极性		
	熔断器型号		
输出侧检测	开路电压/V		
	电缆型号		
	电缆绝缘		
输入回路开路电压检测/V	第1路		
	第2路		
	第3路		
	第4路		
	第5路		
	第6路		
	第7路		
	第8路		
	第9路		
	第10路		
	第11路		
	第12路		
	第13路		
	第14路		
	第15路		
	第16路		
备注：			
检查人：		确认人：	

2. 直流配电柜调试

学习笔记栏

直流配电柜调试要在汇流箱测试完成之后进行。直流配电柜的检查项目如下：

①产品功能满足设计要求。

②外观检测，标识、标志应完整。

③直流配电柜应进行可靠接地，并具有明显的接地标识。

④直流配电柜内的接线端子无松动，采用铜质零件。

⑤分别断开每路输入断路器，测量每路输入端的“正极”和“负极”的开路电压，确保输入端的极性接线准确。

⑥分别闭合每路输入断路器，测量每个输入断路器是否连接良好，测量输出端开路电压，万用表测量值与显示值相差不超过5 V。

直流配电柜测试完成后，按格式填写表6-4。

表6-4 直流配电柜调试记录表

<table>
<tr><td colspan="4">工程名称：</td></tr>
<tr><td colspan="4">直流配电柜编号： 生产厂家： 测试日期： 天气情况：</td></tr>
<tr><td>类别</td><td>检测项目</td><td>检测结果</td><td>备注</td></tr>
<tr><td rowspan="7">本体检查</td><td>功能检查</td><td></td><td>功能是否满足设计要求</td></tr>
<tr><td>外观检测</td><td></td><td></td></tr>
<tr><td>内部清理检查</td><td></td><td></td></tr>
<tr><td>内部元器件检查</td><td></td><td>关键元器件是否与产品手册一致</td></tr>
<tr><td>连接件及螺栓检查</td><td></td><td></td></tr>
<tr><td>接地检查</td><td></td><td></td></tr>
<tr><td>孔洞阻燃封堵</td><td></td><td></td></tr>
<tr><td>功能检查</td><td></td><td></td><td>对照设计图纸</td></tr>
<tr><td rowspan="2">人机界面检测</td><td>多功能表主要参数设置检查</td><td></td><td></td></tr>
<tr><td>通信检测</td><td></td><td></td></tr>
<tr><td rowspan="2">输入侧检测</td><td>电缆型号</td><td></td><td></td></tr>
<tr><td>电缆极性</td><td></td><td></td></tr>
<tr><td rowspan="9">输入回路开路电压检测/V</td><td>第1路</td><td></td><td></td></tr>
<tr><td>第2路</td><td></td><td></td></tr>
<tr><td>第3路</td><td></td><td></td></tr>
<tr><td>第4路</td><td></td><td></td></tr>
<tr><td>第5路</td><td></td><td></td></tr>
<tr><td>第6路</td><td></td><td></td></tr>
<tr><td>第7路</td><td></td><td></td></tr>
<tr><td>第8路</td><td></td><td></td></tr>
<tr><td>第9路</td><td></td><td></td></tr>
</table>

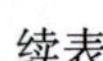

学习笔记栏

续表

类别	检测项目	检测结果	备注
输出侧检测	电缆根数		
	电缆型号		
	电缆极性		
输出回路开路电压检测/V	第 1 路		
	第 2 路		
备注：			
检查人：		确认人：	

3. 交流配电柜调试

交流配电柜在逆变器测试完成之后进行。交流配电柜的检查项目如下：

①产品功能满足设计要求。

②外观检测，标识、标志应完整。

③交流配电柜应进行可靠接地，并具有明显的接地标识。

④交流配电柜的接线端子无松动，采用铜质零件。

⑤采用电能质量分析仪或者是相序表测量交流配电柜 A、B、C 的相序以确保接线准确。

交流配电柜测试完成后，按格式填写表 6-5。

表 6-5　交流配电柜调试记录表

工程名称：			
交流配电柜编号：	生产厂家：	测试日期：	天气情况：
类别	检测项目	检测结果	备注
本体检查	功能检查		功能是否满足设计要求
	外观检测		
	内部清理检查		
	内部元器件检查		关键元器件是否与产品手册一致
	连接件及螺栓检查		
	接地检查		
	孔洞阻燃封堵		
人机界面检测	多功能表主要参数设置检查		
	通信检测		
输入侧检测	电缆根数		
	电缆型号		
	电缆相序		
	线电压/V		
	A 相电压/V		
	B 相电压/V		
	C 相电压/V		

续表

类别	检测项目	检测结果	备注
输出侧检测	电缆根数		
	电缆型号		
	电缆相序		
	线电压/V		
	A 相电压/V		
	B 相电压/V		
	C 相电压/V		
备注：			
检查人：		确认人：	

学习笔记栏

4. 逆变器调试

逆变器按照设计图纸和制造厂商要求完成安装后，方可进行逆变器调试，调试工作进行前必须进行以下确定工作：

①产品功能满足设计要求。

②逆变器应与基础固定牢固、可靠，接地良好。

③逆变器处于无电状态，确定逆变器的进、出线端断路器均处于开路状态。

④测试时限制非授权人员进入工作区。

逆变器调试主要分为以下几步：

①逆变器本体检查：对照逆变器厂商提供的产品手册，完成表6-6所示的所有逆变器本体检查工作，并把检查结果记录在检查表中。

②人机界面检测：依据逆变器制造厂商提供的产品手册，完成逆变器人机界面设置和通信功能测试，完成参数设置。

③直流侧检测：依据逆变器制造厂商提供的产品手册，完成逆变器直流侧电缆检测。

④交流侧检测：依据逆变器制造厂商提供的产品手册，完成逆变器交流侧电缆检测。

⑤逆变器并网测试：依据逆变器制造厂商提供的产品手册，完成逆变器并网检测。

⑥逆变器保护功能测试：依据逆变器制造厂商提供的产品手册，完成逆变器并网保护功能测试。

按表6-6进行测试，并填写表格。

表6-6　逆变器调试试验记录表

工程名称：			
逆变器编号：	生产厂家：	测试日期：	天气情况：
类别	检测项目	检测结果	备注
本体检查	逆变器外观检测		
	逆变器内部清理检查		
	内部元器件检查		关键元器件是否与产品手册一致

学习笔记栏

续表

类别	检测项目	检测结果	备注
本体检查	连接件及螺栓检查		
	接地检查		
	孔洞阻燃封堵		
人机界面检测	主要参数设置检查		
	通信检测		
直流侧检测	电缆根数		
	电缆型号		
	电缆极性		
	开路电压		
交流侧检测	电缆根数		
	电缆型号		
	电缆绝缘		
	电缆相序		
	网侧线电压/V		
	网侧 A 相电压/V		
	网侧 B 相电压/V		
	网侧 C 相电压/V		
逆变器并网测试	直流输入电压/V		
	输入电流/A		
	输入功率/kW		
	网侧电压/V		
逆变器并网后检测	网侧 A 相电流/A		
	网侧 B 相电流/A		
	网侧 C 相电流/A		
	通信测试		
逆变器并网保护功能测试	网侧电源失电保护		
	恢复并网保护		
	柜门联锁保护		
备注：			
检查人：		确认人：	

5. 变压器调试

依据变压器制造厂商提供的产品手册完成变压器调试工作，变压器调试工作主要包括：

①产品功能是否满足设计要求。

②检查变压器的三相接线组别，应与设计要求及铭牌标识相符。

③检查变压器的相序，必须与电网相序一致。

学习笔记栏

④变压器铁芯必须接地。

⑤对 10 kV 以上变压器需进行以下测试：

- 直流电阻测试。变压器的直流电阻，与同温下出厂实测值比较不大于 2%，如果变压器有多个挡位，需要对多个挡位高压测分别进行直流电阻测量，低压有多组线圈的也需分别进行测量，测量完毕后将挡位恢复到设计要求挡位。
- 绕组绝缘电阻测试。高压对地测量用兆欧表（测试电压依据高压侧电压确定）进行绝缘检查，低压对地测量用兆欧表（测试电压依据低压侧电压确定）进行绝缘检查，高压测对低压测用兆欧表（测试电压依据高压侧电压确定）进行高低压线圈绝缘检查。

测试完成后，按照格式填写表 6-7。

表 6-7　变压器调试试验记录表

工程名称：			
变压器编号：	生产厂家：	测试日期：	
类别	检测项目	检测结果	备注
本体检查	变压器外观检测		
	功能检查		功能是否满足设计要求
	变压器内部清理检查		
	内部元器件检查		关键元器件是否与产品手册一致
	连接件及螺栓检查		
	接地检查		
	孔洞阻燃封堵		
监控检测	主要参数设置检查		
	通信检测		
变压器变比测试	低压侧电压/V		
	高压侧电压/kV		
变压器相序测试	低压侧相序测试		
	高压侧相序测试		
直流电阻测试	低压侧测试电阻/Ω		
	高压侧测试电阻/Ω		
绕组绝缘测试	低压侧绝缘电阻/MΩ		
	低压侧绝缘电阻/MΩ		
	高、低压侧绕组间绝缘电阻/MΩ		
备注：			
检查人：		确认人：	

6. 并网柜调试

并网柜的检查项目如下：

①并网柜的功能是否满足设计要求。

②并网柜应进行可靠接地，并具有明显的接地标识，设置相应的浪涌吸收保护装置。

③并网柜的接线端子无松动，采用铜质零件。

④采用电能质量分析仪或者是相序表测量并网柜 A、B、C 的相序以确保接线准确，如果相序不对，需要重新测量相序确定电网的 A、B、C 相，同时按照正确相序重新完成交流配电柜的接线。

⑤检查并网柜中的电能质量分析仪、电能表等计量设备工作是否正常。

并网柜测试完成后，按格式填写表 6-8。

表 6-8　并网柜调试试验记录表

工程名称：			
并网柜编号：	生产厂家：		测试日期：
类别	检测项目	检测结果	备注
本体检查	功能检查		功能是否满足设计要求
	外观检测		
	内部清理检查		
	内部元器件检查		关键元器件是否与产品手册一致
	连接件及螺栓检查		
	接地检查		
	断路器检查		
	孔洞阻燃封堵		
计量设备检查	多功能表、电能表等计量装置工作是否正常		
	通信检测		
输入侧电缆检测	电缆根数		
	电缆型号		
	电缆相序		
	线电压/V		
	A 相电压/V		
	B 相电压/V		
	C 相电压/V		
输出侧电缆检测	电缆根数		
	电缆型号		
	电缆相序		
	线电压/V		
	A 相电压/V		
	B 相电压/V		
	C 相电压/V		
备注：			
检查人：		确认人：	

学习笔记栏

6.3.3　绝缘电阻及接地电阻测试

1. 绝缘电阻测试

(1) 光伏方阵绝缘阻值测试

光伏方阵框架应对等电位连接导体进行接地。等电位体的安装应把电气装置外露的金属及可导电部分与接地体连接起来。所有附件及支架都应采用铜导线导电率的接地材料和接地体相连，接地应有防腐及降阻处理，光伏方阵绝缘电阻的测试方法如下：

①可以采用下列两种测试方法：

测试方法1：先测试方阵负极对地的绝缘电阻，然后测试方阵正极对地的绝缘电阻。

测试方法2：测试光伏方阵正极与负极短路时对地的绝缘电阻。

②对于方阵边框没有接地的系统（如有Ⅱ类绝缘），可以选择在电缆与大地之间和在方阵电缆和组件边框之间做绝缘测试。

③对于没有接地的导电部分（如屋顶光伏瓦片）应在方阵电缆与接地体之间进行绝缘测试。

④绝缘电阻的测量电压不小于1 000 V，绝缘阻值不小于1 MΩ。

测试完成后，按格式填写表6-9。

表6-9　光伏方阵绝缘电阻测试记录表

工程名称：			
测试仪器型号：		测试日期：	
光伏方阵编号	测试方式（正负极短路或正负极分别对地电阻）	绝缘电阻测试值（MΩ）	测试电压
备注：			
检查人：		确认人：	

(2) 电缆绝缘阻值测试

光伏发电系统中的电力电缆需要进行绝缘电阻和绝缘耐压测试，具体的测试内容如下：

①对电缆的主绝缘做耐压试验或测量绝缘电阻时，应分别在每一相上进行。对一相进行试验或测量时，其他两相导体、金属屏蔽或金属套和铠装层一起接地。

②当绝缘电阻大于10 MΩ时，对额定电压为0.6/1 kV的电缆线路应用2 500 V兆欧表测量导体对地绝缘电阻代替耐压试验，试验时间1 min。

③测量绝缘电阻时，兆欧表的电压等级与量程应符合《电气装置安装工程电气设备交接试验标准》要求。

④绝缘电阻不低于0.5 MΩ/km。

学习笔记栏

⑤耐压试验前后，绝缘电阻测量应无明显变化。

测试完成后，按格式填写表 6-10。

表 6-10　电缆绝缘测试记录表

工程名称：			
测试仪器名称：		测试日期：	
回路编号	电缆型号	电缆与地之间的绝缘电阻测试值/MΩ	测试电压
备注：			
检查人：		确认人：	

2. 防雷接地电阻测试

光伏电站的防雷接地测试包括设备接地和方阵防雷接地电阻测试，接地电阻测试过程中，必须遵循以下几点：

①在没有接地电阻数值要求时，接地电阻需要满足以下要求：交流工作接地，接地电阻不应大于 4 Ω；安全工作接地，接地电阻不应大于 4 Ω；直流工作接地，接地电阻应按计算机系统具体要求确定；防雷保护地的接地电阻不应大于 10 Ω；对于屏蔽系统如果采用联合接地时，接地电阻不应大于 1 Ω。

②设计文件或施工图纸中有接地电阻的数值要求，接地电阻测量值需要不大于规定值。

③接地电阻测试必须选用专用的接地电阻测试仪或摇表。

④接地电阻测试最好在晴天进行，禁止在有雷电或被测物带电时进行测量。

⑤接地电阻测试过程中必须严格按照测试设备的使用说明书进行操作。

接地电阻测量完成后，测试结果需要记录在表 6-11 中。

表 6-11　接地电阻测试记录表

工程名称：				
仪表型号		测试日期		
接地名称				
接地位置	规定电阻/Ω	实测电阻值/Ω	测定结果	记录人
备注：				
确认人：				

6.3.4　并网试运行调试

在光伏电站完成建设并且各分项测试均完成后，需要进行光伏电站并网调试，以确保光伏电站能够稳定、可靠运行，光伏电站能够满足 Q/GDW 617—2011《光伏电站接入电网技术规定》的各项性能指标。

学习笔记栏

1. 光伏电站并网测试条件

被测光伏电站在进行并网测试前，应具备：

①光伏电站硬件和软件按照制造商的说明书和试验要求完成安装和调试。

②光伏电站设计、安装和调试的资料齐全，具备分项调试合格报告。

③光伏电站各设备调试完成，总体调试方案编制完成并通过审批。

④光伏电站运营商或总承包单位、建设单位、设计单位以及光伏逆变器等并网主体设备供应商必须根据实际情况安排相关工作人员协调配合测试实施。

⑤测试时必须在光照大于 500 W/m^2 以上，且环境温度在 -10 ℃ ~ 45 ℃，环境湿度≤90% 的条件下进行。

2. 光伏电站测试的内容及方法

依据《光伏电站接入电网技术规定》的要求，光伏电站接入电网测试内容至少应包括：电能质量测试、功率特性测试（有功功率输出特性测试）、电压/频率异常时的响应特性测试、防孤岛保护特性测试或低电压穿越能力测试、通用性能测试。电压/频率异常时的响应特性测试、防孤岛保护特性测试和低电压穿越能力测试试验需要电网扰动、防孤岛装置和低电压穿越测试装置等特殊设备，这些测试设备体积大、价格高，为了减少光伏电站调试成本，并且这些测试仅与光伏电站并网核心设备光伏并网逆变器相关，因此在光伏电站设计设备选型过程中必须选择具有以上功能的光伏并网逆变器，光伏电站系统调试试验中仅需进行电能质量测试、功率特性测试（有功功率输出特性测试）和通用性能测试。

(1) 电能质量测试方法（一般电站仅需做此项测试）

电能质量测试接线见图 6-2。

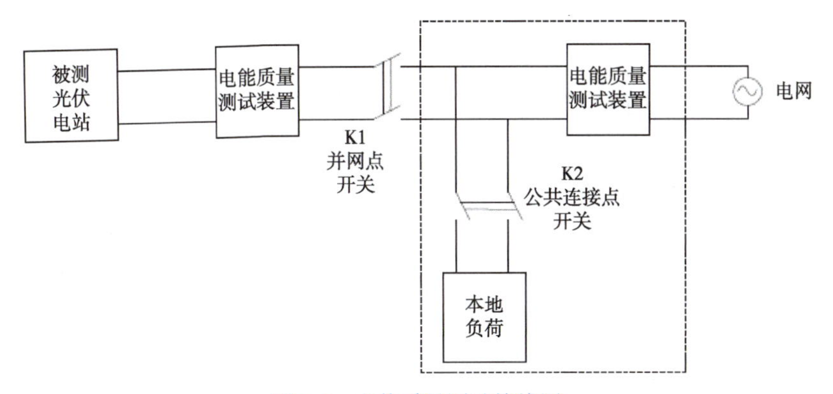

图 6-2　电能质量测试接线图

测试步骤如下：

①电能质量测试点应设在光伏电站并网点和公共连接点处。

②校核被测光伏电站实际投入电网的容量。

学习笔记栏

③断开并网点开关 K1，闭合公共连接点开关 K2，测量电网的电能质量。

④闭合并网点开关 K1，测量被测光伏电站与并网点开关 K1 之间位置的电能质量。

⑤运用电能质量测试装置测量测试点的各项电能质量指标参数，在系统正常运行的方式下，连续测量至少满一天（具备一个完招的辐照周期）。

⑥读取电能质量测试设备测试数据并进行分析，记录在表 6-12 中，并判别是否满足《光伏电站接入电网技术规定》要求。

表 6-12　光伏电站并网电能质量测试记录表

公共连接点电能质量	
平均输出电压/V	
平均输出电流/A	
输出功率/W	
功率因数	
A 相电压偏差（或单相电压）/V	
B 相电压偏差/V	
C 相电压偏差/V	
A 相频率偏差（或单相频率）/Hz	
B 相频率偏差/Hz	
C 相频率偏差/Hz	
A 相电压谐波含量与畸变率（%）	
B 相电压谐波含量与畸变率（%）	
C 相电压谐波含量与畸变率（%）	
A 相电流谐波含量与畸变率（%）	
B 相电流谐波含量与畸变率（%）	
C 相电流谐波含量与畸变率（%）	
三相电压不平衡度（%）	
直流分量（%）	
闪边（%）	
是否存在电压事件	是 □　否 □
并网点电能质量	
测试时间	
平均输出电压/V	
平均输出电流/A	
输出功率/W	
功率因数	
A 相电压偏差（或单相电压）/V	
B 相电压偏差/V	
C 相电压偏差/V	
A 相频率偏差（或单相频率）/Hz	
B 相频率偏差/Hz	
C 相频率偏差/Hz	
A 相电压谐波含量与畸变率（%）	
B 相电压谐波含量与畸变率（%）	

续表

并网点电能质量	
C相电压谐波含量与畸变率（%）	
A相电流谐波含量与畸变率（%）	
B相电流谐波含量与畸变率（%）	
C相电流谐波含量与畸变率（%）	
三相电压不平衡度（%）	
直流分量（%）	
闪边（%）	
是否存在电压事件	是 □　　否 □
检查人：	确认人：

学习笔记栏

（2）功率特性测试（由电力监测部门测试）

功率特性测试项目通过气象参数测试装置和功率测试装置实现。气象参数测试装置应符合GB/T 35224—2017《地面气象观测规范　天气现象》的要求。功率测试装置应符合IEC 61000-4-30-2003《Electromagnetic compatibility（EMC）-Part 4-30：Testing and measurement techniques-power quality measurement methods》Class A测量精度要求。

功率特性测试示意图见图6-3。

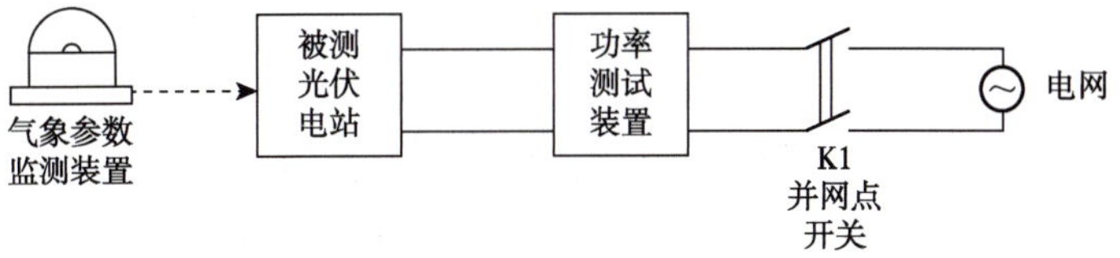

图6-3　功率特性测试示意图

测试步骤如下：

①有功功率输出特性测试。

气象参数测试装置的安装位置应能体现被测光伏电站的典型气象条件，且不影响被测光伏电站的正常运行。

功率特性测试点应设在光伏电站并网点处。

气象参数测试装置和功率参数测试装置时间标的同步性指标应达到秒级。

运用气象参数测试装置测量测试点的各项气象参数，运用功率参数测试装置测量测试点的各项功率参数，在系统正常运行的方式下，连续测量至少满一天（具备一个完整的辐照周期）。

读取气象参数测试装置和功率参数测试装置数据并进行分析，拟合有功功率输出曲线，并输出报表和拟合曲线，报表详见表6-13。

表6-13　光伏电站有功功率输出特性测试记录表

工程名称：	测试时间：
总辐射（W/m^2）	
直接辐射（W/m^2）	
反射辐射（W/m^2）	
紫外辐射（W/m^2）	

笔记栏

续表

工程名称：	测试时间：
日照时间（h）	
环境温度（℃）	
环境湿度（%）	
风速（m/s）	
风向（°）	
气压（hPa）	
光伏电站输出功率（W）	
最大功率变化率（W/min）	
拟合曲线图形：	
检查人：	确认人：

②有功功率控制特性测试，仅大、中型光伏电站且有功率调度要求的电站需要测试：

功率特性测试点应设在光伏电站并网点处。

测量光伏电站当前有功功率输出。

通过光伏电站控制系统设置光伏电站输出功率为当前有功功率输出的25%、50%、75%和100%，测量光伏电站接受指令后的有功功率变化，记录有功功率变化数据和变化曲线。

通过光伏电站控制系统向光伏电站下发启动和停机指令，测量光伏电站接受指令后的有功功率变化，记录有功功率变化数据和变化曲线。

读取功率参数测试装置数据进行分析，输出报表和测量曲线，并判别是是否满足Q/GDW 617—2011《光伏电站接入电网技术规定》要求，报表详见表6-14。

表6-14　光伏电站有功功率输出控制特性测试记录表

工程名称：				
当前有功功率值（pu）：				
有功功率设定值			有功功率输出值（W）	
0.25 pu				
0.55 pu				
0.75 pu				
1.00 pu				
有功功率变化测试				
日照时间（h）				
环境温度（℃）				
环境湿度（%）				
风速（m/s）				
风向（°）				
气压（hPa）				
光伏电站输出功率（W）			10 min有功功率变化（W）	1 min有功功率变化（W）
停机指令	是 □	否 □		
启动指令	是 □	否 □		
拟合曲线图形：				
检查人：			确认人：	

③无功功率调节特性测试，仅大、中型且有功率调度要求的光伏电站需要测试：

功率特性测试点应设在光伏电站并网点处。

测量光伏电站当前无功功率输出和功率因数。

通过光伏电站控制系统设置光伏电站输出功率因数为0.98（超前）、0.98（滞后）、0.99（超前）、0.99（滞后）、1；测量光伏电站接受指令后的无功功率输出和功率因数，记录无功功率输出数据和测量曲线。

读取功率参数测试装置数据进行分析，输出报表和测量曲线，并判别是否满足Q/GDW 617—2011《光伏电站接入电网技术规定》要求，报表详见表6-15。

表6-15 光伏电站无功功率输出调节特性测试记录表

工程名称：	
无功功率设定值	无功功率输出值（Var）
0.98（超前）	
0.98（滞后）	
0.99（超前）	
0.99（滞后）	
1	
拟合曲线图形：	
检查人：	确认人：

习　题

习题答案

一、填空题

1. 三相交流电应采用不同的相色予以区分，A相用________表示。

2. 对于并网型光伏电站，网侧失电以后，逆变器必须即断开与电网的连接，称之为逆变器的________功能。

3. 在发电情况下使用钳形万用表对汇流箱内光伏组串的电流进行检测，相同测试条件下且同一汇流箱的光伏组串之间的电流偏差不应大于________。

4. 光伏方阵开路电压测试前，汇流箱内的开关设备应断开________。

5. 测量电缆绝缘电阻时，电缆对一相进行试验或测量时，其他两相导体、金属屏蔽或金属套和铠装层应________。

二、判断题

1. 光伏电站调试工作应由建设单位组织。（　）
2. 交流柜等室内设备可不接地。（　）
3. 光伏电站调试前应收集齐全各类设备资料。（　）
4. 光伏电站调试在任意环境下均可进行。（　）
5. 光伏电站调试大纲必须经过监理单位审核。（　）

学习笔记栏

大学生光伏行业创新创业案例

本章主要介绍大学生在光伏行业创新创业的成功案例，旨在激发学生的创新意识和创业热情，展示光伏行业的发展前景和社会价值，为学生提供一些创业的思路和方法。

7.1 创业前奏：探寻绿色机遇

光伏发电作为一种清洁、可再生的能源，具有节能减排、促进经济发展、改善生态环境等多重优势，是实现能源转型和应对气候变化的重要途径。随着国家对光伏发电的大力支持和社会对绿色发展的高度关注，光伏行业呈现出快速增长的态势，为创新创业者提供了广阔的市场空间和机遇。本节将介绍大学生如何从光伏行业的发展趋势和社会需求中发现创业机会，以及他们在创业前期所做的准备工作。

7.1.1 发现光伏创业机会

光伏行业的发展趋势主要体现在以下几个方面：

1. 光伏技术的不断创新

光伏技术是光伏行业的核心驱动力，随着科学技术的进步，光伏技术也在不断创新和突破，涉及光伏材料、器件、系统、应用等各个环节。例如，高效晶硅电池、异质结电池、钙钛矿电池等新型电池技术的出现，提高了光伏发电的转换效率、降低了成本；光伏储能、光伏农业、光伏渔业、光伏建筑等新型光伏应用的发展，拓展了光伏发电的应用场景和增加了光伏发电的附加值；智能光伏、数字光伏、互联网+光伏等新型光伏模式的形成，提升了光伏发电的管理水平和运行效率。这些光伏技术的创新，为创业者提供了多样化的技术选择和创新空间。

2. 光伏市场的持续扩大

光伏市场是光伏行业的直接反映，随着光伏发电的普及和推广，光伏市场也在持续扩大和深化，涉及光伏制造、光伏安装、光伏运维、光伏金融、光伏服务等各个环节。例如，全球光伏装机容量从2000年的1.5 GW增长到2022年的759 GW，预计到2030年将达到3 000 GW；中国光伏市场从2009年的160 MW增长到2022年的253 GW，占全球市场的三分之一，成为全球最大的光伏市场；分布式光伏、户用光伏、社区光伏等市场细分领域也在快速发展，为创业者提供了广阔的市场需求和机会。

学习笔记栏

3. 光伏政策的持续优化

光伏政策是光伏行业的重要保障，随着国家对光伏发电的重视和支持，光伏政策也在持续优化和完善，涉及光伏补贴、光伏电价、光伏并网、光伏标准、光伏示范等各个方面。例如，国家出台了《关于完善光伏发电上网价格政策的通知》《关于进一步做好光伏发电项目有序开展工作的通知》等一系列政策文件，明确了光伏发电的发展目标和政策导向，鼓励光伏发电实现平价上网和市场化竞争，促进光伏发电的健康发展；国家还制定了《光伏发电工程质量管理规范》《光伏发电工程验收规范》等一系列技术标准，规范了光伏发电的设计、施工、运维等工作，提高了光伏发电的质量和安全；国家还建立了国家级、省级、市级等多层次的光伏示范区，推动光伏发电的创新应用和示范推广，为创业者提供了良好的政策环境和参考样本。

综上所述，光伏行业的发展趋势为创业者提供了丰富的创业机会，创业者可以从以下几个方面入手：

①技术创新。创业者可以根据自身的专业背景和技术优势，选择一个光伏技术的细分领域，进行技术研发和创新，提出新的技术方案或产品，解决光伏行业的技术难题或满足光伏市场的技术需求，形成自己的技术壁垒和核心竞争力。

②产品开发。创业者可以根据市场的需求和变化，开发出适应不同应用场景和客户群体的光伏产品，如光伏组件、光伏逆变器、光伏储能系统、光伏监控系统等，提供高效、可靠、智能的光伏解决方案，形成自己的产品特色和品牌影响力。

③服务提供。创业者可以根据光伏行业的发展痛点和服务空白，提供专业、优质、便捷的光伏服务，如光伏项目的咨询、设计、施工、运维、评估、改造等，提高光伏发电的效益和价值，形成自己的服务优势和客户口碑。

7.1.2 创业前期准备工作

创业前期是创业成功的关键阶段，创业者需要做好充分的准备工作，包括以下几个方面：

1. 市场调研

创业者需要对光伏行业的发展现状和趋势、市场的需求和规模、竞争的状况和策略、政策的支持和限制等进行深入的分析和研究，了解自己的创业方向和目标是否具有市场潜力和竞争优势，制定合理的市场定位和策略。

2. 团队组建

创业者需要根据自己创业项目的特点和需求，组建一个具有专业能力、合作精神、创新意识的团队，分工合作，互补优势，共同推进创业项目的实施和发展。

3. 资金筹集

创业者需要根据自己创业项目的规模和阶段，筹集足够的资金，保证创业项

学习笔记栏

目的正常运行和发展。创业者可以通过自筹、亲友、众筹、天使投资、风险投资等多种渠道，寻求资金的支持和合作。

4. 法律保障

创业者需要根据自己创业项目的性质和风险，遵守相关的法律法规，办理相关的证件和手续，保护自己的知识产权和合法权益，避免创业过程中的法律纠纷和风险。

5. 产品测试

创业者需要在创业项目的初期和中期，对自己的产品或服务进行充分的测试和验证，收集用户的反馈和建议，不断改进和优化自己的产品或服务，提高用户的满意度和忠诚度，为创业项目的后期推广和发展打下坚实的基础。

7.2 初创之路：学生企业崭露头角

在创业前期做了充分的准备工作后，创业者就要开始正式进入创业的实践阶段，即初创阶段。初创阶段是创业项目的起步阶段，也是最艰难的阶段，创业者需要面对市场的挑战、竞争的压力、团队的协调、资金的紧张等各种问题，同时也需要抓住机遇、展现实力、打造品牌、赢得信任，这是一场考验创业者的综合能力和意志力的战役。本节将介绍大学生如何在初创阶段成功突围，让自己的光伏企业崭露头角，成为光伏行业的新星。

7.2.1 创业新篇：大学生光伏企业的探索之旅

“最初只是怀揣试试看的心态启动这个项目，没想到一路走来竟然是4年，回首过程，觉得还挺酷的。”湖南伏利创电能源科技有限责任公司的创始人如是说。

时光追溯至2019年12月，光伏技术工程专业的在校学生们首次察觉到农村和家庭太阳能光伏市场的巨大潜力。经过深入调研，团队的核心成员认为该项目与国家整县推进光伏项目的战略高度契合，既能积累创业经验，又能发挥自身专业优势。于是，他们毫不犹豫地启程，开启了这段“逐光而行”的创业之旅，创立了湖南伏利创电能源科技有限责任公司。

在经过一番深思熟虑后，初创公司的创业计划逐渐清晰：锁定在中亚热带季风气候区、总体热量充足的株洲市作为目标市场，他们寻找并确定了战略合作企业，明确了“提供太阳能光伏电站运维服务”的愿景（见图7-1）。

1. 坚持不懈：成功签下创业第一单

勤劳的运维团队成员，加上大学生独有的亲和力，再隔三差五地上门，耐心细致地为村民解说，逐渐打开了村民们的心扉。在团队的坚持下，终于在2020年初成功签下了株洲市洮水村的第一单，建成了个人户家庭自发自用、余电上网模式的太阳能光伏电站。“当时真的太开心了，这也让我们对这个项目更加充满信心！”伴随着第一单的成功签约，再加上出色的售后服务，项目逐渐赢得了知名度，甚至有村民主动联系表示对个性化服务的需求，这更加激发了团队的热情。

图7-1 创业团队正在进行光伏电站运维

2. 前瞻未来：创业路还在延伸

运维团队成员深谙，唯有追求质量才能够在竞争激烈的市场中稳步前行。因此，每当面临技术难题，成员们都会齐聚一堂，即便在节假日也毫不懈怠，频繁查阅大量资料，进行试验、深入讨论直至深夜。遇到无法解决的技术问题，团队请来湖南铁路科技职业技术学院光伏专业的老师担任技术导师，投资规划方面的问题则请教湖南铁路科技职业技术学院经济专业的教授，同时也注重校外专家为团队提供的宝贵支持。

值得一提的是，运维团队不仅在提高光伏电站发电效率方面取得了显著成果，还积极申请了多项专利，形成了在光伏板设计、铺设等领域的技术优势。随着全球对“碳中和”和“碳达峰”目标的关注日益增加，绿色发展理念逐渐深入人心，太阳能光伏板市场容量持续扩大，需求也在迅速增加。这为运维团队提供了继续做好项目的机会和动力。在这个充满机遇的市场舞台上，创业团队持续努力，致力于研发创新，提高光伏电站的发电效率，降低运维成本，并制定更加科学合理的运维手册、流程和清单，以确保高质量的运维服务。他们深信，通过这些努力，将为光伏产业注入新的活力，推动整个产业链向更绿色、可持续的方向发展。

截止2022年12月，湖南伏利创电能源科技有限责任公司已承接了湖南省190座光伏电站的运维管理，年发电量增长370.6万度，年利润79.1万元，2022年公司净利润65.2万元，利润率达16.49%。未来他们将以市场需求为导向，继续研发更多创新性的产品和技术，以满足国内外市场的需求。他们对光伏产业的未来充满信心，并坚信自身的技术实力和创新能力将成为推动光伏产业进步的亮眼力量。

7.2.2 零碳之光：城市更新路灯改造的光伏创新之路

株洲市石峰区应星能源科技有限责任公司是一家由湖南铁路科技职业技术学

学习笔记栏

院的大学生创办的光伏企业，主要从事城市更新路灯改造的项目，即利用光伏发电技术，为老旧小区提供节能、环保、智能的路灯照明服务。该企业的创始人和团队成员，都是光伏专业的学生，他们在学校的创新创业课程中，选择了光伏发电作为自己的创业方向，经过了以下几个阶段的创业过程：

1. 项目激情与挑战

在这个阶段，他们对市场进行了调研和分析，发现了老旧小区照明的现状和问题，确定了自己的创业目标和计划，开始了产品的设计和开发。他们在这个阶段，遇到了一些技术、资金、市场等方面的困难和挑战，但他们没有放弃，而是坚持了下来，凭借着自己的专业知识和技术，以及对光伏发电的热情和理想，克服了各种困难，完成了产品的原型和试验。

2. 技术创新与产品优化

在这个阶段，他们对产品进行了不断的测试和改进，根据市场的反馈和需求，优化了产品的功能和性能，提高了产品的质量和可靠性。他们在这个阶段，成功地获得了第一份订单，为一个老旧小区提供了城市更新路灯改造的服务（见图 7-2），得到了客户的认可和满意，也为自己的创业打开了一个新的市场。

图 7-2　创业团队正在进行城市更新路灯改造

3. 市场拓展、公司成立与资金使用

在这个阶段，他们对市场进行了进一步的拓展和营销，通过精准的市场定位和创新的营销策略，打开了新的销售渠道和客户群，建立了强大的品牌形象和口碑。他们在这个阶段，依托学校的创业平台，正式成立了株洲市石峰区应星能源科技有限责任公司，拥有了自己的法人身份和经营权，也为自己的创业提供了更多的资源和支持。他们在这个阶段，通过合理的资金管理和使用，实现了自己创业的盈利和回报，也为自己创业的发展和壮大提供了更多的资金和投资。

至今，株洲市石峰区应星能源科技有限责任公司已经为十三个老旧小区提供了城市更新路灯改造的服务，共售出了 177 套光伏路灯，实现了 283.2 万元的营业额，除去设备成本、团队成员工资和其他成本，有 86.44 万元的利润。这些利润的大部分，将用于技术研发、业务拓展、团队和人力成本的投入，以保证企业的可持续发展和创新能力。该企业的创始人和团队成员，对自己的创业成果感到自豪和满意，也对自己的创业未来充满信心和期待，他们希望能够继续为光伏发电的技术创新和应用普及做出自己的贡献，也希望能够为社会的绿色发展和可持续发展做出自己的贡献。

7.3 创业心路：分享奋斗故事

学习笔记栏

光伏发电是一种充满梦想和挑战的事业，也是一种充满艰辛和收获的事业，大学生光伏企业家们在光伏发电的创业之路上，经历了许多的困难和风险，也享受了许多乐趣和成就，他们用自己的行动和心声，诠释了光伏发电的创业精神和创业价值。本节将介绍一些大学生光伏企业家的创业心路，如他们为什么选择光伏发电作为自己的创业方向，他们在创业过程中遇到了哪些问题和困惑，他们是如何解决和克服的，他们在创业过程中得到了哪些支持和帮助，他们对自己的创业成果和未来有哪些评价和期待等，展示他们的创业动机和目标，以及他们的创业感悟和体会。

7.3.1 选择光伏创业方向

大学生光伏企业家们选择光伏发电作为自己的创业方向，有着各自的原因和动机，但也有着一些共同的理由和目的，具体如下：

1. 光伏发电是一种有利于环境和社会的技术

大学生光伏企业家们都有着一颗热爱自然和关心社会的心，他们认为光伏发电是一种可以减少碳排放和污染、提高能源效率和安全、改善生态环境和人民生活的技术，他们希望通过自己的创业，为实现绿色发展和可持续发展做出自己的贡献。

2. 光伏发电是一种有前景和潜力的技术

大学生光伏企业家们都有着一颗追求创新和挑战的心，他们认为光伏发电是一种不断发展和变化的技术，有着广阔的市场空间和机遇，也有着丰富的技术内容和难度，他们希望通过自己的创业，为推动光伏发电的技术进步和应用普及做出自己的努力。

3. 光伏发电是一种有利于自身和他人的技术

大学生光伏企业家们都有着一颗追求价值和利益的心，他们认为光伏发电是一种可以为他人带来能源服务和社会公益的技术，他们希望通过自己的创业，为实现自己的梦想和使命做出自己的尝试。

7.3.2 创业过程中遇到的问题和困惑

大学生光伏企业家们在光伏发电的创业过程中，遇到了许多问题和困惑，有些是来自外部的，有些是来自内部的，有些是技术性的，有些是管理性的，有些是市场性的，有些是心理性的，如下：

1. 外部问题和困惑

大学生光伏企业家们在创业过程中，需要面对外部的各种环境和条件，如政策、法规、市场、竞争、合作等，这些都会给他们带来一些问题和困惑，如：

学习笔记栏

①政策和法规的变化。国家政策对光伏发电行业的发展至关重要，如补贴的调整、电价的浮动、并网的限制、标准的更新等，这些都会影响光伏发电的成本和收益，也会影响光伏发电的市场需求和竞争力，大学生光伏企业家们需要及时了解和适应这些变化，为自己的创业做好规划和应对。

②市场和竞争的复杂和激烈。光伏发电是一种有着广阔的市场空间和机遇的技术，但也是一种有着复杂和激烈的市场和竞争的技术，市场和竞争的复杂和激烈会给光伏发电的创业带来一些压力和挑战，如市场的细分和多样化、客户的需求和偏好、竞争者的数量和实力、合作伙伴的选择和信任等，这些都会影响光伏发电的产品和服务的设计和提供，也会影响光伏发电的市场份额和品牌形象，大学生光伏企业家们需要充分了解和分析这些市场和竞争的复杂和激烈，为自己的创业做好定位和策略。

③合作和资源的匮乏和不足。光伏发电是一种需要与多方合作和共享资源的技术，合作和资源的匮乏和不足会给光伏发电的创业带来一些困难和障碍，如合作伙伴的寻找和沟通、资源的获取和利用、利益的分配和协调等，这些都会影响光伏发电项目的实施和发展，也会影响光伏发电的效率和质量，大学生光伏企业家们需要积极寻找和建立合作和资源的渠道和平台，为自己的创业做好支持和保障。

2. 内部问题和困惑

大学生光伏企业家们在创业过程中，也需要面对内部的各种问题和困惑，如团队、资金、技术、管理等，如：

①团队的组建和协作。光伏发电是一种需要团队合作和协作的技术，团队的组建和协作会给光伏发电的创业带来一些问题和困惑，如团队成员的招募和选拔、团队文化的建立和传承、团队分工的安排和调整、团队沟通的方式和效果等，这些都会影响光伏发电创业的氛围和效果，也会影响光伏发电创业的稳定和发展，大学生光伏企业家们需要注意和重视团队的组建和协作，为自己的创业做好人力和团结的基础。

②资金的筹集和使用。光伏发电是一种需要资金投入和回报的技术，资金的筹集和使用会给光伏发电的创业带来一些问题和困惑，如资金的来源和渠道、资金的规模和期限、资金的分配和管理、资金的风险和收益等，这些都会影响光伏发电创业的可行性和可持续性，也会影响光伏发电创业的信誉和发展，大学生光伏企业家们需要谨慎和合理地筹集和使用资金，为自己的创业做好财务和投资的保障。

③技术的研发和创新。光伏发电是一种需要技术研发和创新的技术，技术的研发和创新会给光伏发电的创业带来一些问题和困惑，如技术的选择和方向、技术的水平和难度、技术的保护和转化、技术的更新和优化等，这些都会影响光伏发电创业的核心竞争力和市场竞争力，也会影响光伏发电创业的创新力和影响力，大学生光伏企业家们需要不断地研发和创新技术，为自己创业做好技术和创新的支柱。

④管理的规范和优化。光伏发电是一种需要管理规范和优化的技术，管理的规范和优化会给光伏发电创业带来一些问题和困惑，如管理的目标和计划、管理的流程和制度、管理的工具和方法、管理的效果和评估等，这些都会影响光伏发电创业的运行和发展，也会影响光伏发电的创业的效率和质量，大学生光伏企业家们需要注意和完善管理的规范和优化，为自己创业做好管理和优化的保障。

学习笔记栏

7.3.3 创业过程中可得到的支持和帮助

大学生光伏企业家们在光伏发电的创业过程中，也得到了许多的支持和帮助，有些是来自内部的，有些是来自外部的，有些是物质的，有些是精神的，如下：

1. 内部支持和帮助

大学生光伏企业家们在创业过程中，首先得到了自己团队的支持和帮助，他们的团队成员都有着共同的梦想和目标，也有着不同的专业和技能，他们相互信任和尊重，相互配合和协作，相互学习和进步，为光伏发电的创业提供了人力和智力的支持和帮助。此外，他们也得到了自己家庭的支持和帮助，他们的家人都有着对他们的理解和鼓励，也有着对他们的关心和照顾，为光伏发电的创业提供了情感和生活的支持和帮助。

2. 外部支持和帮助

大学生光伏企业家们在创业过程中，也得到了来自外部的各种支持和帮助，如学校、政府、社会等，这些支持和帮助主要包括以下几个方面：

①学校的支持和帮助。大学生光伏企业家们的创业之路，往往是从学校开始的，他们在学校接受了专业的教育和培训，也参加了各种创新创业的课程和活动，他们得到了学校的指导和支持，也得到了学校的资源和平台，为光伏发电的创业打下了坚实的基础和提供了良好的条件。

②政府的支持和帮助。大学生光伏企业家们的创业之路，也受到了政府的重视和支持，他们在政策和法规的引导和保障下，进行了光伏发电的创业，他们得到了政府的补贴和优惠，也得到了政府的服务和协助，为光伏发电的创业减少了风险和障碍，也增加了信心和动力。

③社会的支持和帮助。大学生光伏企业家们的创业之路，也得到了社会的认可和支持，他们在社会的需求和期待的激励和驱动下，进行了光伏发电的创业，他们得到了社会的关注和赞扬，也得到了社会的合作和参与，为光伏发电的创业扩大了影响和市场，也增加了效益和价值。

7.3.4 对自己的创业成果及未来的评价和期待

大学生光伏企业家们在光伏发电的创业过程中，也取得了一些成果和收获，他们对自己的创业成果和未来有着一些评价和期待，如下：

对自己的创业成果的评价。大学生光伏企业家们对自己的创业成果，有着一些客观和实事求是的评价，他们认识到自己的创业成果，既有着一些亮点和优势，也有着一些不足和缺陷；他们对自己的创业成果，既有着一些自豪和满意，也有着一些谦虚和反思；他们对自己的创业成果，既有着一些肯定和赞赏，也有着一些批评和建议；他们对自己的创业成果，既有着一些感激和感恩，也有着一些责任和担当；他们对自己的创业成果，既有着一些总结和回顾，也有着一些分析和评估。

对自己的创业未来的期待。大学生光伏企业家们对自己的创业未来，有着一些积极和乐观的期待，他们希望自己的创业未来，能够继续发展和壮大，能够提高自己的技术水平和市场份额，能够增加自己的经济收入和社会影响，能够实现自己的梦想和使命。他们希望自己的创业未来，能够继续创新和突破，能够掌握自己的技术方向和市场机遇，能够应对自己的技术挑战和市场竞争，能够推动自己的技术进步和应用普及。他们希望自己的创业未来，能够继续合作和共赢，能够与自己的团队成员和合作伙伴保持良好的关系和信任，能够与自己的客户和社会达成良好的服务和公益。他们希望自己的创业未来，能够继续学习和进步，能够不断提升自己的专业知识和技能，能够不断丰富自己的创业经验和感悟，能够不断完善自己的创业理念和方法。

7.4　展望未来：光伏创新挑战与机遇

在光伏行业的不断发展中，科技创新成为推动行业持续前行的关键因素。本节将深入阐述光伏科技创新所面临的挑战和机遇，为大学生光伏创业者提供洞察力，引导他们更好地把握行业发展的方向。

7.4.1　光伏发电技术的科技挑战

光伏发电技术是一种充满科技魅力的技术，也是一种不断进化的技术，随着科学技术的发展和社会需求的变化，光伏发电技术也在不断面临新的考验，需要不断突破和创新，以适应和引领光伏行业的发展。这些科技挑战主要包括以下几个方面：

1. 光伏发电的转换效率和成本

光伏发电的转换效率和成本是衡量光伏发电技术的重要指标，也是影响光伏发电市场的关键因素。随着光伏发电的普及和推广，光伏发电的转换效率和成本也在不断提高和降低，但仍然存在一定的差距和局限，需要不断研发和创新新型的光伏材料、器件、系统等，提高光伏发电的转换效率和降低光伏发电的成本，实现光伏发电的平价上网和市场化竞争。

2. 光伏发电的稳定性和可靠性

光伏发电的稳定性和可靠性是保证光伏发电的正常运行和发挥作用的重要条件，也是影响光伏发电的效益和价值的重要因素。随着光伏发电的广泛应用和复杂化，光伏发电的稳定性和可靠性也面临着新的挑战，需要不断研发和创新新型的光伏储能、光伏并网、光伏监控等技术，提高光伏发电的稳定性和可靠性，解决光伏发电的间歇性和不确定性等问题，提升光伏发电的效率和价值。

学习笔记栏

3. 光伏发电的环境影响和社会责任

光伏发电的环境影响和社会责任是评价光伏发电的综合效果和意义的重要标准，也是促进光伏发电的可持续发展的重要动力。随着光伏发电的规模化和多样化，光伏发电的环境影响和社会责任也呈现出新的特点和要求，需要不断研发和创新新型的光伏回收、光伏扶贫、光伏碳中和等技术，减少光伏发电的环境影响和提高光伏发电的社会责任，实现光伏发电的绿色发展和公益发展。

7.4.2 光伏发电技术的科技机遇

光伏发电技术也在不断发现新的机遇，需要不断突破和创新，以适应和引领光伏行业的发展。这些科技机遇主要包括以下几个方面：

1. 光伏发电的创新技术和产品

光伏发电的创新技术和产品是推动光伏发电技术发展和变革的重要力量，也是提升光伏发电技术的竞争力和影响力的重要途径。随着科学技术的进步和创新，光伏发电的创新技术和产品也在不断涌现和发展，涉及光伏材料、器件、系统、应用等各个环节，如高效晶硅电池、异质结电池、钙钛矿电池等新型电池技术，光伏储能、光伏农业、光伏渔业、光伏建筑等新型光伏应用，智能光伏、数字光伏、互联网+光伏等新型光伏模式等，为光伏发电的技术创新和市场拓展提供了多样化的选择和空间。

2. 光伏发电的新兴市场和需求

光伏发电的新兴市场和需求是促进光伏发电技术的应用和普及的重要动力，也是增加光伏发电技术的效益和价值的重要途径。随着社会的发展和变化，光伏发电的新兴市场和需求也在不断出现和增长，涉及光伏制造、光伏安装、光伏运维、光伏金融、光伏服务等各个环节，如分布式光伏、户用光伏、社区光伏等市场细分领域，以及光伏扶贫、光伏教育、光伏旅游等社会公益领域，为光伏发电的技术应用和市场拓展提供了广阔的需求和机会。

3. 光伏发电的优化政策和环境

光伏发电的优化政策和环境是保障光伏发电技术的发展和推广的重要条件，也是促进光伏发电技术的健康和可持续发展的重要保障。随着国家对光伏发电的重视和支持，光伏发电的优化政策和环境也在不断完善和改善，涉及光伏补贴、光伏电价、光伏并网、光伏标准、光伏示范等各个方面，为光伏发电的技术发展和市场拓展提供了良好的政策导向和环境氛围。

参考文献

[1] 葛庆,张清小. 光伏电站建设与施工技术[M]. 2版. 北京:中国铁道出版社有限公司,2019.

[2] 李英姿. 太阳能光伏并网发电系统设计与应用[M]. 2版. 北京:机械工业出版社,2023.

[3] 李钟实. 太阳能光伏发电系统设计施工与应用[M]. 北京:中国电力出版社,2023.

[4] 全国一级建造师执业资格考试用书编写委员会. 机电工程管理与实务[M]. 北京:中国建筑工业出版社,2023.

[5] 全国一级建造师执业资格考试用书编写委员会. 建设工程项目管理[M]. 北京:中国建筑工业出版社,2023.

[6] 中国电力企业联合会. 光伏发电站施工规范:GB 50794—2012[S]. 北京:中国计划出版社,2012.

[7] 中国电力企业联合会. 光伏发电站设计规范:GB 50797—2012[S]. 北京:中国计划出版社,2012.

[8] 中国建筑科学研究院. 建筑桩基技术规范:JGJ 94—2008[S]. 北京:中国建筑工业出版社,2008.

[9] 国家能源局. 光伏并网逆变器技术规范:NB/T 32004—2018[S]. 北京:中国电力出版社,2018.

[10] 中国电力企业联合会. 电气装置安装工程 电气设备交接试验标准:GB 50150—2016[S]. 北京:中国计划出版社,2016.

[11] 国家能源局. 继电保护和电网安全自动装置检验规程:DL/T 995—2016[S]. 北京:中国电力出版社,2016.

[12] 国家电网公司. 光伏电站接入电网技术规定:Q/GDW 617—2015[S]. 北京:中国电力出版社,2016.